机械设备装配与自动控制专业
国家技能人才培养
工学一体化课程标准

人力资源社会保障部

中国劳动社会保障出版社

图书在版编目（CIP）数据

机械设备装配与自动控制专业国家技能人才培养工学一体化课程标准 / 人力资源社会保障部编 . -- 北京：中国劳动社会保障出版社，2023

ISBN 978-7-5167-6210-3

Ⅰ . ①机… Ⅱ . ①人… Ⅲ . ①机械设备 – 设备安装 – 人才培养 – 课程标准 – 技工学校 – 教学参考资料②机械设备 – 自动控制 – 人才培养 – 课程标准 – 技工学校 – 教学参考资料 Ⅳ . ①TH182②TP273

中国国家版本馆 CIP 数据核字（2023）第 232976 号

中国劳动社会保障出版社出版发行

（北京市惠新东街 1 号　邮政编码：100029）

*

北京市艺辉印刷有限公司印刷装订　新华书店经销

787 毫米 ×1092 毫米　16 开本　7 印张　155 千字
2023 年 12 月第 1 版　　2023 年 12 月第 1 次印刷

定价：**21.00 元**

营销中心电话：400-606-6496

出版社网址：http://www.class.com.cn

http://jg.class.com.cn

人力资源社会保障部办公厅关于印发
31 个专业国家技能人才培养工学一体化
课程标准和课程设置方案的通知

人社厅函〔2023〕152 号

各省、自治区、直辖市及新疆生产建设兵团人力资源社会保障厅（局）：

为贯彻落实《技工教育"十四五"规划》（人社部发〔2021〕86 号）和《推进技工院校工学一体化技能人才培养模式实施方案》（人社部函〔2022〕20 号），我部组织制定了 31 个专业国家技能人才培养工学一体化课程标准和课程设置方案（31 个专业目录见附件），现予以印发。请根据国家技能人才培养工学一体化课程标准和课程设置方案，指导技工院校规范设置课程并组织实施教学，推动人才培养模式变革，进一步提升技能人才培养质量。

附件：31 个专业目录

人力资源社会保障部办公厅

2023 年 11 月 13 日

31 个专业目录

（按专业代码排序）

1. 机床切削加工（车工）专业
2. 数控加工（数控车工）专业
3. 数控机床装配与维修专业
4. 机械设备装配与自动控制专业
5. 模具制造专业
6. 焊接加工专业
7. 机电设备安装与维修专业
8. 机电一体化技术专业
9. 电气自动化设备安装与维修专业
10. 楼宇自动控制设备安装与维护专业
11. 工业机器人应用与维护专业
12. 电子技术应用专业
13. 电梯工程技术专业
14. 计算机网络应用专业
15. 计算机应用与维修专业
16. 汽车维修专业
17. 汽车钣金与涂装专业
18. 工程机械运用与维修专业
19. 现代物流专业
20. 城市轨道交通运输与管理专业
21. 新能源汽车检测与维修专业
22. 无人机应用技术专业
23. 烹饪（中式烹调）专业
24. 电子商务专业
25. 化工工艺专业
26. 建筑施工专业
27. 服装设计与制作专业
28. 食品加工与检验专业
29. 工业设计专业
30. 平面设计专业
31. 环境保护与检测专业

说　明

为贯彻落实《推进技工院校工学一体化技能人才培养模式实施方案》，促进技工院校教学质量提升，推动技工院校特色发展，依据《〈国家技能人才培养工学一体化课程标准〉开发技术规程》，人力资源社会保障部组织有关专家制定了《机械设备装配与自动控制专业国家技能人才培养工学一体化课程标准》。

本课程标准的开发工作由人力资源社会保障部技工教育和职业培训教材工作委员会办公室、智能制造与智能装备类技工教育和职业培训教学指导委员会共同组织实施。具体开发单位有：组长单位成都市技师学院，参与单位（按照笔画排序）山东工程技师学院、天津市机电工艺技师学院、邢台技师学院、江苏省常州技师学院、安徽芜湖技师学院、首钢技师学院、济宁市工业技师学院、楚雄技师学院。主要开发人员有：熊宇龙、江辉、邹大金、张陶、张平栋、相艮飞、曾小杰、张海玲、张旭光、马光伟、张广伦、李丹峰、廖太刚、王培荣、徐彪、张鹏飞、李宏义、杨伟波、孙晓华等，其中熊宇龙、孙晓华为主要执笔人。此外，中车成都机车车辆有限公司吴小兵、四川普什宁江机床有限公司高敏亮、大厂首钢机电有限公司卫建平等作为企业专家，协助开发单位共同完成了本专业培养目标的确定、典型工作任务的提炼和描述等工作。

本课程标准的评审专家有：广州市工贸技师学院李红强、浙江建设技师学院钱正海、临沂市技师学院张鑫、广州市工贸技师学院陈志佳、江西技师学院陈约奇、江苏省盐城技师学院徐国权、临沂市技师学院朱强、杭州中测科技有限公司陆军华。

在本课程标准的开发过程中，中国人力资源和社会保障出版集团提供了技术支持并承担了编辑出版工作。此外，在本课程标准的试用过程中，技工院校一线教师、相关领域专家等提出了很好的意见建议，在此一并表示诚挚的谢意。

本课程标准业经人力资源社会保障部批准，自公布之日起执行。

目　录

一、专业信息

（一）专业名称

机械设备装配与自动控制

（二）专业编码

机械设备装配与自动控制专业中级：0116-4

机械设备装配与自动控制专业高级：0116-3

机械设备装配与自动控制专业预备技师（技师）：0116-2

（三）学习年限

机械设备装配与自动控制专业中级：初中起点三年

机械设备装配与自动控制专业高级：高中起点三年、初中起点五年

机械设备装配与自动控制专业预备技师（技师）：高中起点四年、初中起点六年

（四）就业方向

中级技能层级：面向机械设备制造企业以及大量使用自动生产机械设备的各行业企业就业，适应装配钳工、电工、机械设备安装调试工、机械设备维修保养工等工作岗位要求，胜任简单零部件的加工、简单零部件的焊接加工、机械部件的装配与调试、设备的电气部件安装与调试、机电设备装配与调试等工作任务。

高级技能层级：面向机械设备制造企业以及大量使用自动生产机械设备的各行业企业就业，适应自动控制机械设备装调工、自动控制机械设备维修工、自动控制机械设备客户经理、设备主管等工作岗位要求，胜任液压与气动系统装调与维护、通用设备机械故障诊断与排除、通用设备电气故障诊断与排除等工作任务。

预备技师（技师）层级：面向机械设备制造企业以及大量使用自动生产机械设备的各行业企业就业，适应自动控制机械设备装调工程师、自动控制机械设备维修工程师、自动控制机械设备车间主任等工作岗位要求，胜任自动化设备控制系统的安装与调试、工业生产线控制系统的安装与调试、柔性生产线设备的优化与改进、智能制造系统的安装与调试等工作任务。

（五）职业资格/职业技能等级

机械设备装配与自动控制专业中级：装配钳工、电工四级/中级工

机械设备装配与自动控制专业高级：装配钳工、电工三级/高级工

机械设备装配与自动控制专业预备技师（技师）：装配钳工、电工二级/技师

二、培养目标和要求

（一）培养目标

1. 总体目标

培养面向机械设备制造企业以及大量使用自动生产机械设备的各行业企业就业，适应装配钳工、电工、机械设备安装调试工、机械设备维修保养工、自动控制机械设备装调工、自动控制机械设备维修工、自动控制机械设备客户经理、设备主管、自动控制机械设备装调工程师、自动控制机械设备维修工程师、自动控制机械设备车间主任等工作岗位要求，胜任简单零部件的加工、简单零部件的焊接加工、机械部件的装配与调试、设备的电气部件安装与调试、机电设备装配与调试、液压与气动系统装调与维护、通用设备机械故障诊断与排除、通用设备电气故障诊断与排除、自动化设备控制系统的安装与调试、工业生产线控制系统的安装与调试、柔性生产线设备的优化与改进、智能制造系统的安装与调试等工作任务，掌握本行业机械设备安装、调试、维修及功能改造最新技术标准及其发展趋势，具备自主学习、自我管理、信息检索、理解与表达、交往与合作、创新思维、解决问题等通用能力，安全意识、质量意识、规范意识、效率意识、成本意识、环保意识、市场意识、服务意识等职业素养，以及劳模精神、劳动精神、工匠精神等思政素养的技能人才。

2. 中级技能层级

培养面向机械设备制造企业以及大量使用自动生产机械设备的各行业企业就业，适应装配钳工、电工、机械设备安装调试工、机械设备维修保养工等工作岗位要求，胜任简单零部件的加工、简单零部件的焊接加工、机械部件的装配与调试、设备的电气部件安装与调试、机电设备装配与调试等工作任务，掌握本行业机械设备安装和调试最新技术标准及其发展趋势，具备自主学习、自我管理、信息检索、理解与表达、交往与合作、创新思维、解决问题等通用能力，安全意识、质量意识、规范意识、效率意识、成本意识、环保意识、市场意识、服务意识等职业素养，以及劳模精神、劳动精神、工匠精神等思政素养的技能人才。

3. 高级技能层级

培养面向机械设备制造企业以及大量使用自动生产机械设备的各行业企业就业，适应自动控制机械设备装调工、自动控制机械设备维修工、自动控制机械设备客户经理、设备主管等工作岗位要求，胜任液压与气动系统装调与维护、通用设备机械故障诊断与排除、通用设备电气故障诊断与排除等工作任务，掌握本行业机械设备安装、调试和维修最新技术标准及其发展趋势，具备自主学习、自我管理、信息检索、理解与表达、交往与合作、创新思维、解决问题等通用能力，安全意识、质量意识、规范意识、效率意识、成本意识、环保意识、市场意识、服务意识等职业素养，以及劳模精神、劳动精神、工匠精神等思政素养的技能人才。

4. 预备技师（技师）层级

培养面向机械设备制造企业以及大量使用自动生产机械设备的各行业企业就业，适应自动控制机械设备装调工程师、自动控制机械设备维修工程师、自动控制机械设备车间主任等工作岗位要求，胜任自动化设备控制系统的安装与调试、工业生产线控制系统的安装与调试、柔性生产线设备的优化与改进、智能制造系统的安装与调试等工作任务，掌握本行业机械设备安装、调试、维修及功能改造最新技术标准及其发展趋势，具备自主学习、自我管理、信息检索、理解与表达、交往与合作、创新思维、解决问题等通用能力，安全意识、质量意识、规范意识、效率意识、成本意识、环保意识、市场意识、服务意识等职业素养，以及劳模精神、劳动精神、工匠精神等思政素养的技能人才。

（二）培养要求

机械设备装配与自动控制专业技能人才培养要求见下表。

机械设备装配与自动控制专业技能人才培养要求表

培养层级	典型工作任务	职业能力要求
中级技能	简单零部件的加工	1. 能读懂任务单，明确工作内容及要求，与客户、组员进行有效信息沟通，明确工作任务和技术要求。 2. 能查阅相关国家技术标准，读懂图样，并能用手工绘图工具、CAD 软件完成简单零件图的绘制。 3. 能识读简单装配图，按明细表找出相应的零件，明确各零件的功能和位置关系。 4. 能查阅加工工艺手册，结合加工材料特性和零件图要求，组员团结协作制定工作方案，选择符合加工技术要求的工具、量具、夹具、辅具及切削液，并检查设备的完好性。 5. 能识别常用加工工具和设备（如钻床、砂轮机、台虎钳、普通车床等），描述设备的结构、功能，指出各部件的名称和作用，能规范使用工具和设备，并正确保养和归置工具和设备。 6. 能查阅普通车床使用说明书，明确机床精度、加工范围等技术参数，分析加工的可能性，制定加工方案。 7. 能依据加工方案，按照图样和加工工艺，严格遵守车间安全生产制度和机床安全操作规程，熟练操作设备、使用工具，完成凹凸件、台阶轴、垫块等零件的加工任务，具备规范、安全生产意识。

培养层级	典型工作任务	职业能力要求
	简单零部件的加工	8. 能正确选择并规范使用量具（如游标卡尺、千分尺、百分表、螺纹规、游标高度卡尺、游标万能角度尺等）对零件进行检测，判断加工质量并进行质量分析。 9. 能按产品质量检验单要求，结合世界技能大赛技术标准要求，使用通用、专用量具或三坐标测量机、表面粗糙度测量仪等规范进行相应的自检，在任务单上正确填写加工完成的时间、加工记录以及自检结果，并进行产品质量分析及方案优化，具有精益求精的质量管控意识。 10. 能在工作完成后，执行 7S 管理规定、废弃物管理规定及常用量具的保养规范，完成工作现场的整理、设备和工量刃具的维护保养、工作日志的撰写等工作。 11. 能对工作过程的资料进行收集、整合，利用多媒体设备和专业术语展示和表达工作成果。
中级技能	简单零部件的焊接加工	1. 能正确阅读任务单和焊接技术文件，与生产主管等相关人员进行专业沟通，明确工作任务、技术要求与质量标准。 2. 能正确识读零件图与焊缝符号、代号，查阅焊接安全操作规程及焊接操作手册，制订工作计划，并在教师的指导下明确焊接流程，确定最终工作计划。 3. 能对常用低碳钢、低合金钢进行分类，根据工艺卡制定焊接工艺并选择相应的焊接材料、焊接工艺参数。 4. 能正确穿戴个人防护用品；能按照国家标准《焊接与切割安全》（GB 9448—1999）检查场地，准备工具、材料及设备，具备规范、安全生产意识。 5. 能根据零部件图样独立使用管坡口切割机完成原材料放样、下料和坡口加工，工作过程中应严格遵守安全生产制度、环保管理制度。 6. 能根据零部件图样熟练地使用焊条电弧焊及二氧化碳气体保护焊等焊接设备进行装配、定位焊接，操作应安全、标准、规范。 7. 能独立使用焊条电弧焊、二氧化碳气体保护焊完成零部件的焊接与装配，操作应规范，并保证零部件的尺寸与精度。 8. 能根据图样及技术要求检测尺寸和焊缝外观质量，具有精益求精的质量意识。 9. 能按 7S 管理规定整理、整顿工作现场，整理工作区域的设备、工具，按规定正确回收和处理边角料，具有知法守法、保护环境的意识。 10. 能归纳总结工字梁、法兰、支架的焊接方法、技术要点和注意事项，以及焊接设备故障排除方法。能总结工作经验，分析不足，提出改进措施。

培养层级	典型工作任务	职业能力要求
中级技能	机械部件的装配与调试	1. 能读懂装配图，能根据机械部件的验收标准及验收方法，制定机械部件的装配工艺规程。 2. 能根据工艺文件准备零件、装配工具及通用量具等。 3. 能按照零件清洗方法清洗零件，能根据设备安装要求及零件图要求对安装基体精度及零件几何精度进行检测。 4. 能根据现有生产条件合理制定机械部件的装配工艺方案，正确识读并规范填写装配工艺文件。 5. 熟练掌握装配工具的使用方法及常用机械部件的装配方法，能根据相关设备的操作规范及工艺文件正确装配机械部件。 6. 能规范使用通用量具对部件装配精度进行检测，并按照装配图及工艺卡要求对机械部件进行调整。 7. 能熟练应用紧固与防松方法对机械部件进行紧固与防松操作。 8. 能正确选择润滑油与润滑方法，按验收标准对零部件进行密封与润滑。 9. 能规范使用常用量具、振动仪、噪声检测仪、红外线温度计等检测工具，对设备进行几何精度及运动精度检测，根据验收标准对设备进行验收。 10. 能对工作过程的资料进行收集、整合，利用多媒体设备和专业术语展示和表达工作成果。
	设备的电气部件安装与调试	1. 通过观摩现场、观看图片和视频等方式，了解电工的职业特征，以及遵循安全操作规程的必要性，熟悉企业安全生产要求、技术发展趋势等，并能通过各种方式展示所认知的信息。 2. 了解安全用电知识、电气安全操作规程、常见触电方式，能应用触电急救方法实施触电急救。 3. 能识读电气原理图，明确常见照明元器件及低压电器的图形符号、文字符号，了解控制器件的动作过程，明确控制原理。 4. 能识读安装图、接线图，明确安装要求，确定元器件、控制柜、电动机等的安装位置，并能正确连接线路。 5. 能正确使用电工工具、登高工具，以及万用表、兆欧表等测量仪表。 6. 能正确选用元器件，核查其型号和规格是否符合图样要求，并进行外观检查。 7. 能按图样要求、工艺要求、安全规范和设备条件，准备工具，领取材料，安装元器件，按图接线，实现控制线路的正确连接。 8. 能用仪表检查电气线路安装是否正确。 9. 能按照安全操作规程正确通电运行。

培养层级	典型工作任务	职业能力要求
	设备的电气部件安装与调试	10. 能正确标注有关控制功能的铭牌标签。 11. 能根据故障现象和电气原理图，分析故障范围，查找故障点，进行故障检修。 12. 作业完毕，能按电工作业规程清点工具，收集剩余材料，清理垃圾，拆除防护设施。 13. 能正确填写任务单的验收项目，并交付验收。
中级技能	机电设备装配与调试	1. 熟悉机械零件和电子元器件在自动送料装置装配中的应用，能借助手册查阅相关的标准和参数，准确测绘自动送料装置机械部件，并进行较全面的标注。 2. 能规范使用装配工具、夹具、检验设备对零部件进行装配、检验。 3. 能排查工作过程中的安全隐患。 4. 能独立阅读并分析任务单，明确工作完成的流程、期限和要求，清楚工作分工和责任。 5. 能按照装配工艺卡和工艺规程完成自动送料装置的装配与调试工作，并达到相关标准的要求。 6. 能正确、规范地填写任务评价表，对自己在任务完成过程中的表现做出真实评价，并以工作报告的形式交生产主管审阅。
高级技能	液压与气动系统装调与维护	1. 能正确使用工量具对液压与气动系统进行装调与维护，并做好相关工作记录。 2. 能独立阅读并分析任务单，明确工作完成的流程、期限和要求，清楚分工和责任，做好工作内容的资料搜集、整理和填写。 3. 能按照工作流程进行液压与气动系统的装调与维护，确保工作质量，达到生产目的和要求。 4. 能正确、规范地填写任务评价表，对自己在任务完成过程中的表现做出真实评价，并以工作报告的形式交生产主管审阅。 5. 能归纳总结液压与气动系统安装与调试方法、技术要点和注意事项，以及设备故障排除方法。能总结工作经验，分析不足，提出改进措施，具备精益求精、一丝不苟的精神。
	通用设备机械故障诊断与排除	1. 能读懂维修任务单，确认设备状况并记录相关信息，明确通用设备机械故障诊断与排除的作业内容和工期要求。 2. 能与设备操作人员沟通故障现象。 3. 能识读设备说明书，分析设备的工作原理及传动关系。

培养层级	典型工作任务	职业能力要求
高级技能	通用设备机械故障诊断与排除	4. 能根据设备故障现象（如设备声音、温度及动作是否正常等），结合设备工作原理及传动关系分析故障原因。 5. 能根据设备故障的可能原因，选择合适的检测工具及拆卸工具。 6. 能规范使用检测工具及拆卸工具对可能的故障点进行检测。 7. 能根据检测结果确定故障原因，并制定维修方案。 8. 能根据维修方案准备所需的工具、量具及辅具。 9. 能按维修方案、流程和规范，在规定的时间内完成故障诊断与排除，并填写故障诊断与排除记录。 10. 能规范使用各类工具对损坏的部件进行拆卸、清理、修理、更换。 11. 能根据设备试运行前的要求，对设备试运行前的各项指标进行检查。 12. 能根据设备试运行的步骤及要求试运行设备，并及时、有效地处理现场突发事件。 13. 能根据设备运行的各项指标要求，利用相关检测工具进行检测，并对设备运行的各项指标进行记录、评价、反馈和存档。 14. 能遵守企业各项规章制度以及 7S 管理规定。
	通用设备电气故障诊断与排除	1. 能读懂维修任务单，与生产主管等相关人员进行专业沟通，明确工作目标、内容与要求。 2. 能进行故障的现场调查，收集故障信息，明确故障现象。 3. 能识读电气原理图等技术资料，与相关人员进行专业沟通，根据故障现象分析故障原因，判断故障范围，制订故障诊断与排除计划。 4. 能正确使用检测设备，通过断电检查和通电检查找到故障点，根据故障分析结果，制定故障诊断与排除方案。 5. 能根据故障诊断与排除方案，列出物料清单，领取所需工具、元器件及材料，并检查元器件的规格、型号、数量、质量。 6. 能正确排除典型的电气线路故障，并检查线路以确保无误。 7. 能在设备正常通电后，操作设备各指令开关测试设备功能是否正常。测试正常后，填写任务交接单。 8. 能按 7S 管理规定整理、整顿工作现场，归还工具、仪器、剩余物料、技术资料等。 9. 能总结工作经验，分析不足，提出改进措施。
预备技师（技师）	自动化设备控制系统的安装与调试	1. 能阅读任务单，与小组成员沟通，共同分析自动化设备控制系统的控制要求、任务动作、操作方式。 2. 能根据自动化设备控制系统的控制要求，确定控制系统所需的输入设备和输出设备，确定 PLC 的 I/O 形式与点数。根据 I/O 形式与点数、控制方式与速度、控制精度与分辨率、用户程序容量，选择合适的 PLC 型号。

培养层级	典型工作任务	职业能力要求
预备技师 （技师）	自动化设备控制系统的安装与调试	3. 能制定控制系统设计方案，并独立制作 I/O 分配表，依据控制要求设计 PLC 外围硬件线路。 4. 能根据编程方法，合理设计控制程序，完成程序模拟调试。 5. 能按照工艺要求，根据电气布置图及接线图，正确连接硬件线路。 6. 能按照电气安全操作规程对 PLC 控制线路进行联机调试，根据故障现象对软件、硬件进行检测，快速排除故障，完成联机调试。 7. 能根据产品质量检验单，结合世界技能大赛标准要求，对控制系统进行自检，并在任务单上正确填写任务完成的时间、任务完成过程记录、自检结果以及工作改进建议，签字确认后提交生产主管进行质量检验。 8. 能完成技术文件的编写、整理、归档工作。 9. 能在工作过程中严格遵守企业操作规程、安全生产制度、环保管理制度以及 7S 管理规定。 10. 能与组员和教师等相关人员进行有效的沟通与合作，高效、高质量完成工作。 11. 能对工作过程的资料进行收集、整合，利用多媒体设备和专业术语展示和表达工作成果。
	工业生产线控制系统的安装与调试	1. 能对任务单进行解读，明确工作内容、工作要求。 2. 能对工作任务、工作流程、工作标准进行分析，并能独立撰写任务单。 3. 能对设备装调前的环境进行判断，具备安全意识和环保意识。 4. 能按照任务要求准备工具、仪表、元器件、部件及耗材。 5. 掌握工业生产线上常用机械结构和电气、气动、检测等元器件的功能。 6. 能正确使用工业生产线上的常用仪器仪表。 7. 能按照电气原理图进行元器件的选用、连接与调试。 8. 能调试 PLC 程序控制电动机、电磁阀。 9. 能规范运用工具进行工业生产线各工作站机械模块装配、电气单元线路连接。 10. 能正确测试传感器等的感应开关动作信号，并调节动作信号。 11. 能正确连接气动、液压控制回路满足任务控制要求。 12. 能调试 PLC 程序完成各工作站动作要求。 13. 能进行各工作站 PLC 网络通信设置，保证各工作站间正常通信、数据传送。 14. 能操作变频器进行电动机调速控制。 15. 能正确操作工业生产线的各个模块单元。

培养层级	典型工作任务	职业能力要求
预备技师（技师）	工业生产线控制系统的安装与调试	16. 能对工业生产线各工作站进行运行功能调试。 17. 能对典型工业生产线控制系统（PLC、变频器、伺服驱动器等）程序、参数进行备份、调试等。 18. 能对设备中关键元器件的参数进行设置、调整与备份。 19. 能独立（或协同）完成设备模拟试车和带载试车。 20. 能对设备的工作状态和产品质量进行检测，具备质量意识、效率意识及成本意识。 21. 能详细、规范、及时地填写工作记录单，并撰写工作总结。 22. 能按 7S 管理规定整理、整顿工作现场。
	柔性生产线设备的优化与改进	1. 能分析任务单，明确柔性生产线设备装调、优化与改进要求。 2. 能分析柔性生产线设备优化与改进的可行性，独立撰写可行性分析报告。 3. 能进行柔性生产线设备装调、优化与改进前的环境判断，具备安全意识和环保意识。 4. 能按照任务要求准备工具、仪表、元器件、部件及耗材。 5. 能进行单工作站、网络控制程序的编制，具备程序备份、装载、优化、设计能力。 6. 能对柔性生产线设备进行拆装、调整、防干涉、防损坏等操作。 7. 能优化柔性生产线设备部分机构（部件），具备优化设计能力。 8. 能对柔性生产线设备中关键元器件的参数进行设置、调整与备份。 9. 能按照既定方案安装柔性生产线设备的核心控制器、工业网络设备、机械手（传动带）和部分改造机构（部件）等。 10. 在试车条件下，能独立（或协同）完成设备模拟试车和带载试车。 11. 能对柔性生产线设备的工作状态和产品质量进行检测，具备质量意识、效率意识及成本意识。 12. 能撰写柔性生产线设备的装调、优化与改进报告。 13. 能详细、规范、及时地填写工作记录单，并撰写工作总结。 14. 能将柔性生产线设备的优化与改进相关技术文件进行整理，并存档备案。
	智能制造系统的安装与调试	1. 能对任务单进行解读，明确工作内容、工作要求。 2. 能对工作任务、工作流程、工作标准进行分析，并能独立撰写任务单。 3. 能对智能制造系统安装与调试前的环境进行判断，具备安全意识和环保意识。

培养层级	典型工作任务	职业能力要求
预备技师 （技师）	智能制造系统的安装与调试	4. 能按照任务要求准备工具、仪表、元器件、部件及耗材。 5. 能正确识别智能制造系统常用机械结构和网络通信、电气、气动、检测等元器件。 6. 能正确使用智能制造系统的常用仪器仪表。 7. 能按照智能制造系统的电气原理图进行元器件的选用、连接与调试。 8. 能调试伺服驱动器并控制伺服电动机。 9. 能正确运用工具装配智能制造系统各部件机械模块，连接电气单元线路、网络通信模块。 10. 能测试传感器等的感应开关动作信号，并调节动作信号。 11. 能连接气动、液压控制回路，满足任务控制要求。 12. 能调试 PLC 程序完成系统和各部件动作的正确控制。 13. 能进行各工作站 PLC 网络通信设置，保证各工作站间正常通信、数据传送。 14. 能正确调试和操作智能制造系统的各个模块单元。 15. 能对智能制造系统（PLC、伺服驱动器等）程序、参数进行调试及备份。 16. 能详细、规范、及时地填写工作记录单，并撰写工作总结。 17. 在试车条件下，独立（或协同）完成设备模拟试车和带载试车。 18. 能对智能制造系统及其各部件的工作状态和产品质量进行检测，具备质量意识、效率意识及成本意识。 19. 能与智能制造系统操作或管理人员进行任务验收、交付，具备技术支持能力。 20. 按照 7S 管理规定整理、整顿工作现场。

三、培养模式

（一）培养体制

依据职业教育有关法规和校企合作、产教融合相关政策要求，按照技能人才成长规律，紧扣本专业技能人才培养目标，结合学校办学实际情况，成立专业建设指导委员会。通过整合校企双方优质资源，制定校企合作管理办法，签订校企合作协议，推进校企共创培养模式、共同招生招工、共商专业规划、共议课程开发、共组师资队伍、共建实训基地、共搭管理平台、共评培养质量的"八个共同"，实现本专业高素质技能人才的有效培养。

（二）运行机制

1. 中级技能层级

中级技能层级宜采用"学校为主、企业为辅"的校企合作运行机制。

校企双方根据机械设备装配与自动控制专业中级技能人才特征，建立适应中级技能层级的运行机制。一是结合中级技能层级工学一体化课程以执行定向任务为主的特点，研讨校企协同育人方法路径，共同制定和采用"学校为主、企业为辅"的培养方案，共创培养模式；二是发挥各自优势，按照人才培养目标要求，以初中生源为主，制订招生招工计划，通过开设企业订单班等措施，共同招生招工；三是对接本领域行业协会和标杆企业，紧跟本产业发展趋势、技术更新和生产方式变革，紧扣企业岗位能力最新要求，以学校为主推进专业优化调整，共商专业规划；四是围绕就业导向和职业特征，结合本地本校办学条件和学情，推进本专业工学一体化课程标准校本转化，进行学习任务二次设计、教学资源开发，共议课程开发；五是发挥学校教师专业教学能力和企业技术人员工作实践能力优势，通过推进教师开展企业工作实践、聘用企业技术人员开展学校教学实践等方式，以学校教师为主、企业兼职教师为辅，共组师资队伍；六是基于一体化学习工作站和校内实训基地建设，规划建设集校园文化与企业文化、学习过程与工作过程为一体的校内外学习环境，共建实训基地；七是基于一体化学习工作站、校内实训基地等学习环境，参照企业管理规范，突出企业在职业认知、企业文化、就业指导等职业素养养成层面的作用，共搭管理平台；八是根据本层级人才培养目标、国家职业标准和企业用人要求，制定评价标准，对学生职业能力、职业素养和职业技能等级实施评价，共评培养质量。

基于上述运行机制，校企双方共同推进本专业中级技能人才综合职业能力培养，并在培养目标、培养过程、培养评价中实施学生相应通用能力、职业素养和思政素养的培养。

2. 高级技能层级

高级技能层级宜采用"校企双元、人才共育"的校企合作运行机制。

校企双方根据机械设备装配与自动控制专业高级技能人才特征，建立适应高级技能层级的运行机制。一是结合高级技能层级工学一体化课程以解决系统性问题为主的特点，研讨校企协同育人方法路径，共同制定和采用"校企双元、人才共育"的培养方案，共创培养模式；二是发挥各自优势，按照人才培养目标要求，以初中、高中、中职生源为主，制订招生招工计划，通过开设校企双制班、企业订单班等措施，共同招生招工；三是对接本领域行业协会和标杆企业，紧跟本产业发展趋势、技术更新和生产方式变革，紧扣企业岗位能力最新要求，合力制定专业建设方案，推进专业优化调整，共商专业规划；四是围绕就业导向和职业特征，结合本地本校办学条件和学情，推进本专业工学一体化课程标准的校本转化，进行学习任务二次设计、教学资源开发，共议课程开发；五是发挥学校教师专业教学能力和企业技术人员工作实践能力优势，通过推进教师开展企业工作实践、聘请企业技术人员为兼职教师等方式，涵盖学校专业教师和企业兼职教师，共组师资队伍；六是以一体化学习工作站和校内外实训基地为基础，共同规划建设兼具实践教学功能和生产服务功能的大师工作室，集校园文化与企业文化、学习过程与工作过程为一体的校内外学习环境，创建产教深度融合的产业学院等，共建实训基地；七是基于一体化学习工作站、校内外实训基地等学习环境，参照企业管理机制，组建校企管理队伍，明确校企双方责任权利，推进人才培养全过程校企协同管理，共搭管理平台；八是根据本层级人才培养目标、国家职业标准和企业用人要求，共同构建人才培养质量评价体系，共同制定评价标准，共同实施学生职业能力、职业素养和职业技能等级评价，共评培养质量。

基于上述运行机制，校企双方共同推进本专业高级技能人才综合职业能力培养，并在培养目标、培养过程、培养评价中实施学生相应通用能力、职业素养和思政素养的培养。

3. 预备技师（技师）层级

预备技师（技师）层级宜采用"企业为主、学校为辅"的校企合作运行机制。

校企双方根据机械设备装配与自动控制专业预备技师（技师）人才特征，建立适应预备技师（技师）层级的运行机制。一是结合预备技师（技师）层级工学一体化课程以分析解决开放性问题为主的特点，研讨校企协同育人方法路径，共同制定和采用"企业为主、学校为辅"的培养方案，共创培养模式；二是发挥各自优势，按照人才培养目标要求，以初中、高中、中职生源为主，制订招生招工计划，通过开设校企双制班、企业订单班和开展企业新型学徒制培养等措施，共同招生招工；三是对接本领域行业协会和标杆企业，紧跟本产业发展趋势、技术更新和生产方式变革，紧扣企业岗位能力最新要求，以企业为主，共同制定专业建设方案，共同推进专业优化调整，共商专业规划；四是围绕就业导向和职业特征，结合本地本校办学条件和学情，推进本专业工学一体化课程标准的校本转化，进行学习任务二次设计、教学资源开发，并根据岗位能力要求和工作过程推进企业培训课程开发，共议课程开发；五是发挥学校教师专业教学能力和企业技术人员专业实践能力优势，推进教师开展企业工作实践，通过聘用等方式，涵盖学校专业教师、企业培训师、实践专家、企业技术人员，共组师资队伍；六是以校外实训基地、校内生产性实训基地、产业学院等为主要学习环境，以完成企业真实工作任务为学习载体，以地方品牌企业实践场所为工作环境，共建实训基地；七是基于校内外实训基地等学习环境，学校参照企业管理机制，企业参照学校教学管理机制，组建校企管理队伍，明确校企双方责任权利，推进人才培养全过程校企协同管理，共搭管理平台；八是根据本层级人才培养目标、国家职业标准和企业用人要求，共同构建人才培养质量评价体系，共同制定评价标准，共同实施学生综合职业能力、职业素养和职业技能等级评价，共评培养质量。

基于上述运行机制，校企双方共同推进本专业预备技师（技师）技能人才综合职业能力培养，并在培养目标、培养过程、培养评价中实施学生相应通用能力、职业素养和思政素养的培养。

四、课程安排

使用单位应根据人力资源社会保障部颁布的《机械设备装配与自动控制专业国家技能人才培养工学一体化课程设置方案》开设本专业课程。本课程安排只列出工学一体化课程及建议学时，使用单位可依据院校学习年限和教学安排确定具体学时分配。

（一）中级技能层级工学一体化课程表（初中起点三年）

序号	课程名称	基准学时	学时分配					
			第1学期	第2学期	第3学期	第4学期	第5学期	第6学期
1	简单零部件的加工	310	110	120	80			
2	简单零部件的焊接加工	130			130			
3	机械部件的装配与调试	320			70	250		
4	设备的电气部件安装与调试	320				130	190	
5	机电设备装配与调试	320					320	
	总学时	1 400	110	120	280	380	510	

（二）高级技能层级工学一体化课程表（高中起点三年）

序号	课程名称	基准学时	学时分配					
			第1学期	第2学期	第3学期	第4学期	第5学期	第6学期
1	简单零部件的加工	260	260					
2	简单零部件的焊接加工	110		110				
3	机械部件的装配与调试	270		100	170			
4	设备的电气部件安装与调试	270			270			
5	机电设备装配与调试	270				270		
6	液压与气动系统装调与维护	250				150	100	
7	通用设备机械故障诊断与排除	160					160	
8	通用设备电气故障诊断与排除	250					250	
	总学时	1 840	260	210	440	420	510	

（三）高级技能层级工学一体化课程表（初中起点五年）

序号	课程名称	基准学时	学时分配									
			第1学期	第2学期	第3学期	第4学期	第5学期	第6学期	第7学期	第8学期	第9学期	第10学期
1	简单零部件的加工	310	150	140	20							
2	简单零部件的焊接加工	130			130							
3	机械部件的装配与调试	320			120	200						
4	设备的电气部件安装与调试	320				160	160					
5	机电设备装配与调试	320					320					
6	液压与气动系统装调与维护	300							270	30		
7	通用设备机械故障诊断与排除	200								200		
8	通用设备电气故障诊断与排除	300									300	
	总学时	2 200	150	140	270	360	480		270	230	300	

（四）预备技师（技师）层级工学一体化课程表（高中起点四年）

序号	课程名称	基准学时	学时分配							
			第1学期	第2学期	第3学期	第4学期	第5学期	第6学期	第7学期	第8学期
1	简单零部件的加工	260	260							
2	简单零部件的焊接加工	110		110						
3	机械部件的装配与调试	270		100	170					
4	设备的电气部件安装与调试	270			270					
5	机电设备装配与调试	270				270				
6	液压与气动系统装调与维护	250				200	50			
7	通用设备机械故障诊断与排除	160					160			
8	通用设备电气故障诊断与排除	250					250			
9	自动化设备控制系统的安装与调试	340					100	240		
10	工业生产线控制系统的安装与调试	160						160		

序号	课程名称	基准学时	学时分配							
			第1学期	第2学期	第3学期	第4学期	第5学期	第6学期	第7学期	第8学期
11	柔性生产线设备的优化与改进	340						140	200	
12	智能制造系统的安装与调试	340							340	
	总学时	3 020	260	210	440	470	560	540	540	

（五）预备技师（技师）层级工学一体化课程表（初中起点六年）

序号	课程名称	基准学时	学时分配											
			第1学期	第2学期	第3学期	第4学期	第5学期	第6学期	第7学期	第8学期	第9学期	第10学期	第11学期	第12学期
1	简单零部件的加工	310	150	140	20									
2	简单零部件的焊接加工	130			130									
3	机械部件的装配与调试	320			120	200								
4	设备的电气部件安装与调试	320				150	170							
5	机电设备装配与调试	320					320							
6	液压与气动系统装调与维护	300							270	30				
7	通用设备机械故障诊断与排除	200							100	100				
8	通用设备电气故障诊断与排除	300								260	40			
9	自动化设备控制系统的安装与调试	400									200	200		
10	工业生产线控制系统的安装与调试	200									200			
11	柔性生产线设备的优化与改进	400									60	300	40	
12	智能制造系统的安装与调试	450											450	
	总学时	3 650	150	140	270	350	490		370	390	500	500	490	

五、课程标准

（一）简单零部件的加工课程标准

工学一体化课程名称	简单零部件的加工	基准学时	310①

典型工作任务描述

零部件加工是一种经过加工对工件的外形尺寸或性能进行改变的过程。按加工方式可分为切削加工和压力加工。一般在生产中按照被加工工件的温度状态将机械加工分为冷加工和热加工。冷加工主要有车、钳、铣、刨、磨等。

在机械设备装配工作中，操作人员经常需要自主设计、加工一些简单零件，生产主管根据零件特征、加工要求及现有工艺设备，综合考虑加工成本、稳定性等因素，合理选用钳加工、车削或铣削等加工方式，以提高工作效率。

操作人员从生产主管处领取工作任务后，阅读任务单，明确工作任务要求，识读零件图和装配图，明确加工质量要求；通过独立或合作方式勘察现场，分析并制定加工工艺，选择合适的装夹方法，准备相关工具、量具、机床、刀具和材料，检查设备的完好性，做好工作现场准备，严格按行业规范、操作规程进行加工，加工过程中要适时检测零件以确保质量，零件自检合格后交付质检人员检测，进行质量分析与方案优化；按照7S管理规定清理场地，归置物品，完成设备和工量刃具的维护保养，送交生产主管确认，对自己的工作做出总结。

在工作过程中，操作人员应严格遵守企业操作规程、常用量具的保养规范、企业质量体系管理制度、安全生产制度、环保管理制度、7S管理规定等。对加工产生的废品依据《中华人民共和国固体废物污染环境防治法》要求，进行集中收集管理，再按《废弃物管理规定》进行处理，维护车间生产安全。

工作内容分析

工作对象：	工具、量具、材料、设备与资料：	工作要求：
1. 接受工作任务，明确工作任务要求； 2. 识读和绘制图样； 3. 制定加工工艺，确定加工工步和加工参数； 4. 根据加工工艺，准备好机床、毛坯、工具、量具、夹具、刀具、辅具； 5. 加工和装配零件；	1. 工具：锉刀、锯条、锯弓、锤子、丝锥、麻花钻、车刀、铣刀、V形架、扳手、钻夹头、顶尖、变径套、杠杆表座、铁钩、毛刷等； 2. 量具：0~150 mm游标卡尺、0~25 mm外径千分尺、25~50 mm外径千分尺、50~75 mm外径千分尺、0~150 mm游标深度卡尺、游标万能角度尺、直角尺、表面粗糙度比较样块、50~100 mm内径百分表、0~100 mm百分表、半径样板（$R1 \sim 6.5$ mm）、$\phi 26$ mm塞规、$\phi 30$ mm塞规、$\phi 18$ mm塞规、M24×1.5—7H螺纹塞规、R3/4锥螺纹环规、38°V形槽专用样板、手柄曲面圆弧专用样板等；	1. 接受工作任务，明确工作任务要求，服从工作安排； 2. 识读和绘制图样，查阅相关资料，获取有效信息，制定合理的加工工艺，选择合理的加工参数； 3. 根据环境条件，正确选择加工所需的机床、毛坯、夹具、

---

① 此基准学时为初中生源学时，下同。

6. 检测零部件精度; 7. 清理场地,归置物品,处理废弃物。	3. 材料:板料、圆钢、切削液、润滑油、红丹粉等; 4. 设备:台虎钳、砂轮机、台式钻床、普通车床、普通立式铣床等; 5. 资料:任务单、图样、7S 管理规定、钳工安全操作规程、普通车床安全操作规程、普通铣床安全操作规程、普通车床使用说明书、金属切削手册、机械设计手册等。 **工作方法:** 1. 识读和绘制图样的方法; 2. 查阅资料的方法; 3. 选择和使用锉刀、车刀、铣刀等工具的方法; 4. 制定加工工艺的方法; 5. 操作钻床、车床、铣床的方法; 6. 零件的装夹和加工方法; 7. 使用游标卡尺、千分尺等量具的方法; 8. 保养机床的方法。 **劳动组织方式:** 1. 以小组合作的形式讨论及确定加工工艺; 2. 与其他部门有效沟通、协调完成准备工作; 3. 独立完成零件的加工和装配。	刀具、量具等; 4. 正确使用机床、工具、刀具等完成零件的加工; 5. 正确使用工具等完成产品的装配; 6. 正确使用量具完成产品的检测; 7. 严格遵守机床安全操作规程; 8. 按照 7S 管理规定清理场地,归置物品。

课程目标

学习完本课程后,学生应当能胜任简单零部件的加工工作,包括:

1. 能读懂任务单,明确工作内容及要求。

2. 能读懂图样,能应用 CAD 软件或手工绘图工具绘制简单的零件图。

3. 能识读简单装配图,按明细表找出相应的零件,并明确各零件的功能和位置关系。

4. 能查阅加工工艺手册,结合加工材料特性和零件图要求制定工作方案,选择符合加工技术要求的工具、量具、夹具、辅具及切削液,并检查设备的完好性。

5. 能识别常用加工工具和设备(如钻床、砂轮机、台虎钳、普通车床等),描述设备的结构、功能,指出各部件的名称和作用,并能规范使用工具和设备,正确保养和归置工具、设备。

6. 能查阅普通车床使用说明书,明确机床精度、加工范围等技术参数,分析加工的可能性,制定加工方案。

7. 能依据加工方案,按照图样要求和加工工艺,严格遵守安全生产制度和安全操作规程,熟练操作设备、使用工具完成凹凸件、台阶轴、垫块等零件的加工。

8. 能正确选择并规范使用量具(如游标卡尺、千分尺、百分表、螺纹规、游标高度卡尺、游标万能角度尺等)对零件进行检测,判断加工质量并进行质量分析。

9. 能按产品质量检验单要求,结合世界技能大赛评分标准要求,使用通用、专用量具或三坐标测量机、表面粗糙度测量仪等规范进行相应的自检，在任务单上正确填写加工完成的时间、加工记录以及自检结果，并进行产品质量分析及方案优化，具有精益求精的质量管控意识。

10. 能在完成工作后，按照 7S 管理规定、废弃物管理规定及常用量具的保养规范，完成工作现场的整理、设备和工量刃具的维护保养、工作日志的撰写等工作。

11. 能对工作过程的资料进行收集、整合，利用多媒体设备和专业术语展示和表达工作成果。

学习内容

本课程主要学习内容包括：

一、任务单的分析与资料的查阅

实践知识：车间生产环境的认知；任务单的阅读与分析；零件图的识读与绘制；零件工艺特点及加工技术要求的分析；零部件加工内容、工期的确定；信息、技术资料的查询与整理。

理论知识：钳加工、普通车床加工、普通铣床加工安全操作规程；7S 管理规定；零件图的表达方法；尺寸的标注方法；几何公差的概念与标注方法。

二、零部件加工工艺方案的制定

实践知识：加工工艺参考资料的准备；零件的加工工艺分析；生产类型与现有生产条件的分析；毛坯的选择；加工顺序的确定；加工工序的划分；钳加工设备（台虎钳、砂轮机等）的选用；车床、铣床型号的选择。

理论知识：加工工艺概念；加工工艺过程的组成；制定加工工艺的方法与步骤；制定加工工艺应考虑的因素；生产纲领和生产类型的概念；钳加工常用设备的类型、主要技术参数及工艺范围；车床、铣床的型号、技术参数及工艺范围；毛坯的类型与选择方法；加工顺序确定方法；工序集中与分散的原则。

三、零部件加工工艺规程的制定

实践知识：零部件加工工艺方案的合理性判断；加工工艺方案的优化；工序内容的确定；工步的划分；刀具与工量具的选用；加工余量的确定；工序尺寸的确定；定位基准的选择；工件装夹方法与夹具的选用；切削用量的选择；时间定额的确定；工序加工质量的验收；加工工艺规程文件的编制。

理论知识：零部件加工工艺规程制定的原则；工序内容的确定方法；工件的定位原理与装夹方法；定位基准的选择原则；机械加工常用工量具、通用夹具的结构、原理、类型、特点及应用；加工余量的影响因素及确定方法；工艺尺寸链的计算方法；工序尺寸的确定方法；常用刀具类型、材料、性能与用途；切削用量的选择方法；时间定额的组成及确定方法；加工工艺规程文件类型及格式。

四、零部件的加工

实践知识：工量具的领取及完好性检查；工具、量具、材料领取清单的填写；划线、锯削、锉削、钻孔、螺纹加工等钳加工操作；典型表面的钳加工；机床操作；工件装夹与找正；刀具的装夹；切削速度、进给速度的选取与变换；典型表面的车削、铣削；常用刀具的刃磨与热处理；切削加工的润滑与冷却；机械加工常用加工设备、工具、夹具的调整、使用与保养；场地及物品的管理、固体废弃物的处理。

理论知识：金属切削过程；划线、锯削、锉削、钻孔、螺纹加工等钳加工的工艺特点、应用及操作规范；常用工具、夹具的调整方法、使用规范与保养方法；刀具几何角度；刀具的磨损过程及影响刀具寿命的因素；切削液的类型及选用方法；钻床、车床、铣床等常用设备的传动原理、操作规范与保养方法；《中华人民共和国固体废物污染环境防治法》《废弃物管理规定》《中华人民共和国劳动法》等相关法律法规。

五、零部件的加工质量检验

实践知识：零件加工常用量具（百分表、游标卡尺、千分尺、表面粗糙度比较样块、螺纹规、游标高度卡尺等）的选择与使用；尺寸与几何误差的检测；表面粗糙度的检测；检测记录单的填写；加工质量的分析。

理论知识：零件加工常用量具（百分表、游标卡尺、千分尺、表面粗糙度比较样块、螺纹规、游标高度卡尺等）的结构、工作原理与应用；尺寸与几何误差的检测方法；表面粗糙度评定参数及检测方法；影响加工质量的因素。

六、零部件的验收

实践知识：零件加工记录单的填写；工量具及设备的维护保养；零部件的交付与验收。

理论知识：钳工工作台、台虎钳、钻床、砂轮机、车床、铣床等设施、设备的维护保养方法；游标卡尺、百分表、千分尺等量具的维护保养方法；零部件的验收标准及规范。

七、通用能力、职业素养、思政素养

自主学习、自我管理、信息检索、理解与表达、交往与合作、创新思维、解决问题等通用能力，安全意识、质量意识、规范意识、效率意识、成本意识、环保意识、市场意识、服务意识等职业素养，以及劳模精神、劳动精神、工匠精神等思政素养。

		参考性学习任务	
序号	名称	学习任务描述	参考学时
1	平板直角尺的钳加工	在机械设备的装调过程中，操作人员需要用到一批平板直角尺，生产主管计划用钳加工的方式进行加工。该零件为 L 形，要求精度等级为 IT9 ~ IT7，表面粗糙度值不大于 $Ra3.2\ \mu m$，垂直度不大于 0.08 mm，平面度不大于 0.05 mm，直线度不大于 0.1 mm，平行度不大于 0.1 mm。 操作人员从生产主管处领取任务单，识读图样，明确工作任务要求；依据加工工艺手册，结合加工材料特性和图样要求，在生产主管指导下分析并制定加工工艺，领取相关工具、量具、刀具、夹具及辅具，检查设备的完好性；检查来料，按照工艺和工步确定加工基准，规范进行划线、锯削、锉削等操作，保证外形尺寸和几何精度要求；独立完成零件的钳加工；根据产品质量检验单利用通用量具完成零件质量自检，并进行质量分析与方案优化；完成工作现场的整理、设备和工量刃具的维护保养、工作日志的撰写等工作。 在工作过程中，操作人员应严格遵守企业操作规程、常用量具的保养规范、企业质量体系管理制度、安全生产制度、环保管理制度、7S 管理规定等，对加工产生的废品，依据《中华人民共和国固体废物污染环境防治法》要求，进行集中收集管理，再按《废弃物管理规定》进行处理，维护车间生产安全。	70

2	U 形件的 钳加工	在机械设备的装调过程中，操作人员需要用到一批 U 形件，生产主管计划用钳加工的方式进行加工。该零件为 U 形，属于平面类零件，材料为 45 钢板料，要求尺寸精度为 IT9～IT7，表面粗糙度值不大于 Ra3.2 μm。 操作人员从生产主管处领取任务单，识读图样，明确工作任务要求；依据加工工艺手册，结合加工材料特性和图样要求，在生产主管指导下分析并制定加工工艺，领取相关工具、量具、刀具、夹具及辅具，检查设备的完好性；检查来料，按照工艺和工步确定加工基准，规范进行划线、锯削、锉削、钻削等操作，保证外形尺寸和几何精度要求；独立完成零件的钳加工；根据产品质量检验单利用通用量具完成零件质量自检，并进行质量分析与方案优化；完成工作现场的整理、设备和工量刃具的维护保养、工作日志的撰写等工作。 在工作过程中，操作人员应严格遵守企业操作规程、常用量具的保养规范、企业质量体系管理制度、安全生产制度、环保管理制度、7S 管理规定等。对加工产生的废品，依据《中华人民共和国固体废物污染环境防治法》要求进行集中收集管理，再按《废弃物管理规定》进行处理，维护车间生产安全。	40
3	燕尾镶配件的 钳加工	在机械设备的装调过程中，操作人员需要用到一批燕尾镶配件，生产主管计划用钳加工的方式进行加工。该部件由凹凸件镶配而成，属于平面类零件，材料为 45 钢板料，要求尺寸精度为 IT9～IT7，表面粗糙度值不大于 Ra3.2 μm，垂直度不大于 0.04 mm，对称度不大于 0.15 mm，平行度不大于 0.06 mm。 操作人员从生产主管处领取任务单，识读图样，明确工作任务要求；依据加工工艺手册，结合加工材料特性和图样要求，在生产主管指导下分析并制定加工工艺，领取相关工具、量具、刀具、夹具及辅具，检查设备的完好性；检查来料，按照工艺和工步确定加工基准，规范进行划线、锯削、锉削、钻削、修配、攻螺纹等操作，保证外形尺寸和几何精度要求；独立完成零件的钳加工；根据产品质量检验单利用通用量具完成零件质量自检，并进行质量分析与方案优化；完成工作现场的整理、设备和工量刃具的维护保养、工作日志的撰写等工作。 在工作过程中，操作人员应严格遵守企业操作规程、常用量具的保养规范、企业质量体系管理制度、安全生产制度、环保管理制度、7S 管理规定等。对加工产生的废品，依据《中华人民共和国固体废物污染环境防治法》要求进行集中收集管理，再按《废弃物管理规定》进行处理，维护车间生产安全。	40

| 4 | 光轴的普通车床加工 | 在机械设备的装调过程中，操作人员需要用到一批光轴零件，生产主管计划用普通车床进行加工。光轴属于回转类零件，加工工艺按单件编制，材料为45钢棒料。光轴的加工表面主要由外圆柱面和倒角组成，要求尺寸精度为IT9～IT7，表面粗糙度值不大于 $Ra1.6\ \mu m$，圆柱度不大于0.02 mm。

操作人员从生产主管处领取任务单，识读图样，明确工作任务要求；依据加工工艺手册，结合加工材料特性和图样要求，在生产主管指导下分析并制定加工工艺，领取相关工具、量具、刀具、夹具及辅具，检查设备的完好性；根据机床安全操作规程，按照工艺和工步，规范进行刀具的安装、工件的装夹和找正操作；确定加工基准，合理选择切削用量、切削液；独立完成零件的普通车床加工；加工过程中要适时检测以确保加工质量，加工完毕规范存放零件，根据产品质量检验单利用通用量具完成零件质量自检，并进行质量分析与方案优化；完成工作现场的整理、设备和工量刃具的维护保养、工作日志的撰写等工作。

在工作过程中，操作人员应严格遵守企业操作规程、常用量具的保养规范、企业质量体系管理制度、安全生产制度、环保管理制度、7S 管理规定等。对加工产生的废品，依据《中华人民共和国固体废物污染环境防治法》要求进行集中收集管理，再按《废弃物管理规定》进行处理，维护车间生产安全。 | 40 |
| 5 | 阶梯轴的普通车床加工 | 在机械设备的装调过程中，操作人员需要用到一批阶梯轴零件，生产主管计划用普通车床进行加工。阶梯轴最主要的作用就是定位安装的零件，高低不同的轴肩可以限制轴上零件沿轴线方向的运动或运动趋势，防止安装的零件在工作中产生滑移。要求该零件的尺寸精度为IT9～IT7，表面粗糙度值不大于 $Ra1.6\ \mu m$，同轴度不大于 $\phi\ 0.05$ mm。

操作人员从生产主管处领取任务单，识读图样，明确工作任务要求；依据加工工艺手册，结合加工材料特性和图样要求，在生产主管指导下分析并制定加工工艺，领取相关工具、量具、刀具、夹具及辅具，检查设备的完好性；根据机床安全操作规程，按照工艺和工步，规范进行刀具的安装、工件的装夹和找正操作；确定加工基准，合理选择切削用量、切削液；独立完成零件的普通车床加工；加工过程中要适时检测以确保加工质量，加工完毕规范存放零件，根据产品质量检验单利用通用量具完成零件质量自检，并进行质量分析与方案优化；完成工作现场的整理、设备和工量刃具的维护保养、工作日志的撰写等工作。 | 20 |

5	阶梯轴的普通车床加工	在工作过程中，操作人员应严格遵守企业操作规程、常用量具的保养规范、企业质量体系管理制度、安全生产制度、环保管理制度、7S 管理规定等。对加工产生的废品，依据《中华人民共和国固体废物污染环境防治法》要求进行集中收集管理，再按《废弃物管理规定》进行处理，维护车间生产安全。	
6	衬套的普通车床加工	某企业接到一批衬套零件的加工订单，生产主管计划用普通车床进行加工，材料为 45 钢，来料加工。衬套由圆柱体、倒角和孔等组成，要求尺寸精度为 IT9 ~ IT7，表面粗糙度值不大于 $Ra1.6\ \mu m$，同轴度不大于 $\phi\,0.05\ mm$。 操作人员从生产主管处领取任务单，识读图样，明确工作任务要求；依据加工工艺手册，结合加工材料特性和图样要求，在生产主管指导下分析并制定加工工艺，准备相关工具、量具、刀具、夹具及辅具，检查设备的完好性；按照加工工艺卡，独立进行刀具的安装、工件的装夹和找正操作；加工基准面，对刀，确定切削用量；完成零件端面、圆柱面、内孔、倒角等的加工；根据产品质量检验单利用通用量具进行零件质量自检，进行质量分析与方案优化；完成工作现场的整理、设备和工量刃具的维护保养、工作日志的撰写等工作。 在工作过程中，操作人员应严格遵守企业操作规程、常用量具的保养规范、企业质量体系管理制度、安全生产制度、环保管理制度、7S 管理规定等。对加工产生的废品，依据《中华人民共和国固体废物污染环境防治法》要求进行集中收集管理，再按《废弃物管理规定》进行处理，维护车间生产安全。	20
7	锤子的普通铣床加工	在机械设备的装调过程中，每位操作人员需配备一把锤子，生产主管计划用普通铣床加工锤子。锤子的加工面为平面，加工工艺按单件编制，材料为 45 钢。锤子由 6 个平面、通孔等组成，要求其表面粗糙度值不大于 $Ra3.2\ \mu m$。 操作人员从生产主管处领取任务单，识读图样，明确工作任务要求；依据加工工艺手册，结合加工材料特性和图样要求，在生产主管指导下分析并制定加工工艺，准备相关工具、量具、刀具、夹具及辅具，检查设备的完好性；按照加工工艺卡，独立进行刀具的安装，工件的划线、装夹和找正操作；对刀，确定切削用量，完成零件的铣削、钻削、锪孔加工；根据产品质量检验单利用通用量具完成零件质量自检，进行质量分析与方案优化；完成工作现场的整理、设备和工量刃具的维护保养、工作日志的撰写等工作。	40

7	锤子的普通铣床加工	在工作过程中，操作人员应严格遵守企业操作规程、常用量具的保养规范、企业质量体系管理制度、安全生产制度、环保管理制度、7S 管理规定等。对加工产生的废品，依据《中华人民共和国固体废物污染环境防治法》要求进行集中收集管理，再按《废弃物管理规定》进行处理，维护车间生产安全。	
8	调节块的普通铣床加工	在机械设备的装调过程中，操作人员需要制作一批调节块，生产主管计划用普通铣床进行加工。调节块的待加工面为平面，加工工艺按单件编制，材料为 45 钢。调节块由 6 个平面、键槽及斜沟槽组成，要求平行度不大于 0.06 mm，垂直度不大于 0.1 mm，表面粗糙度值为 $Ra3.2 \sim 1.6$ μm。 操作人员从生产主管处领取任务单，识读图样，明确工作任务要求；依据加工工艺手册，结合加工材料特性和图样要求，在生产主管指导下分析并制定加工工艺，准备相关工具、量具、刀具、夹具及辅具，检查设备的完好性；按照加工工艺卡，独立进行刀具的安装，工件的划线、装夹和找正操作；对刀，确定切削用量，依次完成零件端面、键槽和斜沟槽的加工；根据产品质量检验单利用通用量具完成零件质量自检，进行质量分析与方案优化；完成工作现场的整理、设备和工量刀具的维护保养、工作日志的撰写等工作。 在工作过程中，操作人员应严格遵守企业操作规程、常用量具的保养规范、企业质量体系管理制度、安全生产制度、环保管理制度、7S 管理规定等。对加工产生的废品，依据《中华人民共和国固体废物污染环境防治法》要求进行集中收集管理，再按《废弃物管理规定》进行处理，维护车间生产安全。	20
9	拨杆轴槽结构的普通铣床加工	某企业车削加工小组已经完成了拨杆轴旋转面的加工，现需要铣削加工小组完成拨杆轴上槽结构的加工，生产主管计划用普通铣床进行加工。拨杆轴的待加工槽结构由键槽和沟槽组成，加工工艺按单件编制，材料为 45 钢，来料加工。要求槽结构的平行度不大于 0.06 mm，对称度不大于 0.04 mm，表面粗糙度值不大于 $Ra3.2$ μm。 操作人员从生产主管处领取任务单，识读图样，明确工作任务要求；依据加工工艺手册，结合加工材料特性和图样要求，在生产主管指导下分析并制定加工工艺，准备相关工具、量具、刀具、夹具及辅具，检查设备的完好性；按照加工工艺卡，独立进行刀具安装，工件的划线、装夹和找正操作；对刀，确定切削用量，依次装夹完成零件键槽和沟槽的加工；根据产品质量检验单利用通用量具完成零件质量自检，进行质量分析与方案优化；完成工作现场的整理、设备和工量刀具的维护保养、工作日志的撰写等工作。	20

| 9 | 拨杆轴槽结构的普通铣床加工 | 在工作过程中，操作人员应严格遵守企业操作规程、常用量具的保养规范、企业质量体系管理制度、安全生产制度、环保管理制度、7S 管理规定等。对加工产生的废品，依据《中华人民共和国固体废物污染环境防治法》要求进行集中收集管理，再按《废弃物管理规定》进行处理，维护车间生产安全。 | |

教学实施建议

1. 教学组织方式与建议

采用行动导向的教学方法。为确保教学安全，增强教学效果，建议采用分组教学的形式（4~5 人 / 组），班级人数不超过 30 人。在完成工作任务的过程中，教师须加强示范与指导，注重学生规范操作和职业素养的培养。

2. 教学资源配备建议

（1）教学场地

一体化学习工作站必须具备良好的安全、照明和通风条件，可以分为集中教学区、分组教学区、信息检索区、工具存放区和成果展示区，并配备相应的多媒体教学设备等。实习场地面积可以至少同时容纳 35 人开展教学活动为宜。

（2）工具、量具、材料、设备

工具：锉刀、锯条、锯弓、锤子、丝锥、麻花钻、车刀、铣刀、V 形架、扳手、钻夹头、顶尖、变径套、杠杆表座、铁钩、毛刷等。

量具：0~150 mm 游标卡尺、0~25 mm 外径千分尺、25~50 mm 外径千分尺、50~75 mm 外径千分尺、0~150 mm 游标深度卡尺、游标万能角度尺、直角尺、表面粗糙度比较样块、50~100 mm 内径百分表、0~100 mm 百分表、半径样板（$R1~6.5$ mm）、$\phi 26$ mm 塞规、$\phi 30$ mm 塞规、$\phi 18$ mm 塞规、M24×1.5—7H 螺纹塞规、R3/4 锥螺纹环规、38°V 形槽专用样板、手柄曲面圆弧专用样板等。

材料：板料、圆钢、切削液、润滑油、红丹粉等。

设备：台虎钳、砂轮机、台式钻床、普通车床、普通立式铣床等。

（3）教学资料

以工作页为主，配备相关教材、加工工艺卡、刀具卡、钳工安全操作规程、普通车床安全操作规程、普通铣床安全操作规程、普通车床使用说明书、金属切削手册、机械设计手册等。

教学考核要求

采用过程性考核和终结性考核相结合的方式。

1. 过程性考核（70%）

采用自我评价、小组评价和教师评价相结合的方式进行考核；学生应学会自我评价，教师要观察学生的学习过程，结合学生的自我评价、小组评价进行总评并提出改进建议。

（1）课堂考核：考核出勤、学习态度、课堂纪律、小组合作与展示等情况。

（2）作业考核：考核工作页的完成、成果展示、课后练习等情况。

（3）阶段考核：书面测试、实操测试、口述测试。

2. 终结性考核（30%）

学生根据零件图技术要求，在规定时间内完成传动轴零件的普通车床加工，零件经检测应符合技术要求。

考核任务案例：传动轴零件的加工。

【情境描述】

某企业接到一批传动轴零件加工订单，生产主管将该工作任务交给车削加工小组。传动轴零件的加工特征主要包括外圆、退刀槽、螺纹、键槽等，要求加工精度为IT10～IT7，表面粗糙度值为 $Ra6.3～1.6\,\mu m$。根据零件特征、加工要求以及现有工艺设备，选择使用普通车床加工该零件。

【任务要求】

（1）识读传动轴零件图，明确工作任务要求。

（2）准确查阅普通车床相关资料，正确领取所需工具、量具、刀具及辅具，并检查设备的完好性。

（3）规范操作普通车床，合理选用装夹方式，完成零件的普通车床加工。在工作过程中，严格遵守企业操作规程、安全生产制度、环保管理制度以及7S管理规定。

（4）按企业内部的检验规范进行相应自检，并填写产品质量检验单。

（5）在工作过程中，具备吃苦耐劳、爱岗敬业的精神。

（6）与教师、组员、仓库管理员等相关人员进行有效、专业的沟通与合作。

【参考资料】

完成上述工作任务过程中，可以使用所有常见参考资料，如工作页、教材、个人笔记、加工工艺手册、机械切削手册、安全操作规程、普通车床技术手册等。

（二）简单零部件的焊接加工课程标准

工学一体化课程名称	简单零部件的焊接加工	基准学时	130

典型工作任务描述

零部件焊接是机械制造的重要加工过程之一，应用广泛。在机械加工、机械装配中从事焊接作业的操作人员按照技术标准及行业标准，进行材料切割、梁柱焊接等操作，涉及板材对接、板材角接等接头形式，涉及平焊、立焊、横焊、平角焊、立角焊等焊接方式。

操作人员在进行焊接作业时，根据设计图样的要求进行焊接工艺卡的识读与编制；按要求选用正确的焊接方法、焊接工艺、焊接材料和焊接设备；依据焊接安全操作规程完成焊接作业场地的安全检查及作业前的准备工作；能正确使用工量夹具，熟练运用焊接操作技能完成焊接作业。作业完成后，按检验标准进行自检，保证焊接质量，交付生产主管验收。完成工作现场的整理、设备和工量刃具的维护保养、工作日志的撰写等工作。

工作过程中应严格遵守相关的操作规程、安全生产制度、环保管理制度以及7S管理规定等。对加工过程中产生的废品，依据《中华人民共和国固体废物污染环境防治法》要求进行集中收集管理，再按《废弃物管理规定》进行处理，维护车间生产安全。

工作内容分析		
工作对象： 1. 接受工作任务，明确焊接任务要求；识读图样，明确图样上标注的焊缝符号及其含义；确定焊接部位及焊接方法； 2. 根据工作任务要求，分析并制订工作计划与焊接工艺；准备好个人防护用品、焊接设备、焊材及所涉及的辅料，并进行相应的检查； 3. 原材料放样、下料与装配；用直磨机和角磨机进行坡口打磨等操作； 4. 组对装配完成后，检查错边量与定位焊缝表面的质量； 5. 利用选定的焊接方法完成产品的焊接； 6. 焊接完成后，进行清理和表面质量检查； 7. 不合格处进行补焊和返修，并记录自检结果； 8. 将产品交生产主管检验。	**工具、量具、材料、设备与资料：** 1. 工具：清渣锤、扁錾、锤子、钢丝刷、活动扳手、尖嘴钳、装配工具、夹具； 2. 量具：钢直尺、直角尺等； 3. 材料：个人防护用品（工作帽、工作服、手套、劳保鞋、面罩、口罩等）、焊接材料（焊条、焊丝、钢板、钢管等）； 4. 设备：角磨机、焊条电弧焊设备、二氧化碳气体保护焊设备等； 5. 资料：工作页、教材、任务单、工作记录单、焊接安全操作规程、零部件焊接作业指导书、焊接质量控制体系认证标准。 **工作方法：** 1. 识读图样的方法； 2. 查阅资料、检索信息的方法； 3. 通用量具的使用方法； 4. 下料、原材料放样的方法； 5. 原材料切割工艺参数的选择及调整方法； 6. 切割及坡口加工操作方法； 7. 焊接工艺参数的选择及调整方法； 8. 减小变形的方法； 9. 合理组对装配的方法； 10. 焊条电弧焊及二氧化碳气体保护焊定位焊的操作方法； 11. 焊条电弧焊及二氧化碳气体保护焊平焊、立焊、横焊、平角焊、立角焊的操作方法； 12. 焊后变形矫正的方法； 13. 焊缝表面质量检查的方法； 14. 班组间沟通合作的方法。 **劳动组织方式：** 1. 从生产主管处领取工作任务； 2. 独自（或小组合作）完成下料、组对装配、焊接工作； 3. 工作完成后交付生产主管进行验收。	**工作要求：** 1. 正确识读图样，明确焊接技术要求； 2. 从经济、安全、环保等方面综合分析，制订合理的工作计划与焊接工艺； 3. 完成原材料放样、下料、坡口加工、装配等操作； 4. 按要求完成坡口尺寸和装配质量检验； 5. 严格按照焊接工艺完成焊接作业； 6. 按照技术要求完成焊缝外观质量检测； 7. 合理选用常用焊接矫正的方法对变形进行矫正； 8. 焊接作业过程严格遵守焊接安全操作规程； 9. 对已完成的工作进行记录并存档； 10. 严格执行安全生产制度、环保管理制度和7S管理规定。

课程目标

学习完本课程后，学生应当能胜任简单零部件的焊接加工工作，包括：

1. 能正确阅读任务单和焊接技术文件，与生产主管等相关人员进行专业沟通，明确工作任务要求。

2. 能正确识读零件图、焊缝符号和代号。

3. 能查阅焊接安全操作规程及焊接操作手册，准确收集信息，制订焊接工作计划，并在教师的指导下确定最终焊接工作计划。

4. 能对常用低碳钢、低合金钢进行分类，制定焊接工艺并选择相应的焊接材料、焊接工艺参数。

5. 能正确穿戴个人防护用品，并按照国家标准《焊接与切割安全》（GB 9448—1999）检查场地安全，准备工具、材料及设备，具备规范、安全生产意识。

6. 能根据零部件图样独立使用管坡口切割机完成原材料放样、下料和坡口加工操作，操作过程中严格遵守安全生产制度、环保管理制度。

7. 能根据零部件图样独立使用焊条电弧焊和二氧化碳气体保护焊等焊接设备，完成零部件的焊接与装配，操作应规范，并保证尺寸和精度。

8. 能根据图样技术要求检测尺寸和焊缝外观质量，具有精益求精的质量意识。

9. 能按 7S 管理规定整理、整顿工作现场，整理工作区域的设备、工具，按规定回收和处理边角料。

10. 能总结工作经验，分析不足，提出改进措施。

学习内容

本课程的主要学习内容包括：

一、明确工作任务

实践知识：简单零部件焊接技术文件（任务单、零件图、装配图、焊接结构图、焊接工艺卡）的识读；相关资料的查阅与信息整理。

理论知识：三视图基本知识；金属材料的分类、型号、规格、性能及用途；焊材及焊接辅料相关知识；常用焊接接头基本知识；焊缝的符号、代号；焊接技术的应用与发展；焊接技术文件的识读方法。

二、制订焊接工作计划

实践知识：低碳钢和低合金钢的识别；个人防护用品、焊接设备、切割设备、工量具的选用；焊接方法的选择；切割工艺、焊接工艺参数的选择；焊接工作计划的编写和审定。

理论知识：焊接安全技术、焊接安全操作规程、国家标准《焊接与切割安全》（GB 9448—1999）内容；焊接环境要求；低碳钢和低合金钢的焊接属性；常用焊接方法的特点和应用；切割工艺、焊接工艺参数的选择方法；金属材料焊接工艺流程；焊接工作计划的内容及格式。

三、焊接加工前的准备

实践知识：正确穿戴个人防护用品；依据焊接技术文件及工作计划进行焊接前的准备；对焊接作业场地、工具、夹具、设备进行安全检查。

理论知识：个人防护用品的正确穿戴方法；常用焊接设备、工具的结构、特性及应用；常用焊接设备的安装要求和方法；焊接生产安全技术内容；焊接作业场地、工具、夹具、设备的安全检查流程与方法。

四、焊接加工

实践知识：金属材料的划线与原材料放样；金属材料的氧乙炔切割加工、等离子切割加工；焊件的组对与定位焊接；焊条电弧焊、二氧化碳气体保护焊的平焊、立焊、横焊、平角焊、立角焊等焊接操作；变形的机械矫正和火焰矫正。

理论知识：焊接设备、切割设备、电动工具的使用方法；划线、原材料放样的方法；金属材料的氧乙炔切割加工、等离子切割加工方法；切割的原理、特点、条件及应用；坡口加工工艺；焊条电弧焊、二氧化碳气体保护焊的焊丝相关知识以及保护气体的主要化学成分、作用；梁柱类零部件的焊接顺序及装配方法；平焊、立焊、横焊、平角焊、立角焊的操作方法及技巧；变形的预防和矫正方法。

五、检测与交付

实践知识：焊缝外观质量的检测；焊缝常见的焊接缺陷分析与返修。

理论知识：焊缝外观质量的检测标准、检测设备与工具的使用方法；焊缝内部质量的检测标准及检测方法；焊缝常见的焊接缺陷分析方法及防止缺陷方法；减小焊接应力的方法。

六、总结与评价

实践知识：焊接加工现场的整理；焊接设备和工量具的维护保养；焊接工作日志的撰写；焊接工作总结的撰写。

理论知识：焊接设备和工量具的维护保养方法；焊接工作日志的撰写方法；焊接工作总结的格式和内容；《中华人民共和国固体废物污染环境防治法》《废弃物管理规定》《中华人民共和国劳动法》《中华人民共和国劳动合同法》等相关法律法规内容；废弃物处理方法。

七、通用能力、职业素养、思政素养

自主学习、自我管理、信息检索、理解与表达、交往与合作、创新思维、解决问题等通用能力，安全意识、质量意识、规范意识、效率意识、成本意识、环保意识、市场意识、服务意识等职业素养，以及劳模精神、劳动精神、工匠精神等思政素养。

参考性学习任务			
序号	名称	学习任务描述	参考学时
1	金属材料下料及坡口的切割	焊割车间接到 12 根规格为 460 mm×240 mm×10 mm（长 8 m）的低碳钢工字梁和 8 台切割机低碳合金钢支架板材下料任务，支架由 6 块规格为 600 mm×400 mm×10 mm、6 块规格为 500 mm×100 mm×6 mm、4 块规格为 300 mm×50 mm×4 mm 的钢板组成，要求采用等离子切割方法，在 4 天时间内完成下料和部分钢板开 45°、60° 坡口的加工工作。 操作人员从生产主管处接受工作任务，领取任务单、工艺卡、图样；分析图样，查阅相关资料，制定切割工艺，制订工作计划，从材料库领取原材料，准备工量具，清理母材表面，矫正不平钢板；依据图样要求，合理布料，选用合理的放样顺序进行放样划线，按	24

1	金属材料下料及坡口的切割	照切割工艺和图样完成切割操作，对割缝位置、尺寸进行自检；自检合格后报生产主管检验，并填写工作记录，按照7S管理规定整理、整顿工作现场。 在工作过程中，操作人员应严格遵守企业安全生产制度、常用量具的保养规范、企业质量体系管理制度、环保管理制度、7S管理规定等；注意个人防护，严格执行切割安全操作规程，制定合理的切割工艺；注意检查材料型号、规格是否符合图样要求；注意预留切割间隙，依照放样顺序放样，对切割表面质量进行检查，及时调整切割工艺。 对加工产生的废品，依据《中华人民共和国固体废物污染环境防治法》要求进行集中收集管理，再按《废弃物管理规定》进行处理，维护车间生产安全。	
2	工字梁的焊接	企业需制作12根规格为460 mm×240 mm×10 mm（长8 m）的低碳钢焊接工字梁，工期要求为6天。要求严格按照施工标准进行操作，遵守焊接安全操作规程，按照焊接工艺进行焊接，记录完成的工作并存档。 操作人员从生产主管处接受工作任务，领取任务单、工艺卡、图样；分析图样并查阅参考资料，独立制订工作计划，确定焊接工作步骤；制定出工字梁的装配及焊接工艺，检查场地安全，准备焊接工具、焊材及母材，按照工字梁的图样进行下料和坡口加工，组对装配后进行腹板的立焊、翼板的平焊，然后进行腹板和翼板的装配、腹板和翼板的平角焊和立角焊。焊接过程中注意清理工件表面，检验焊接质量，对需要返修的进行补焊，对变形区域进行机械矫正，复检后交付生产主管。完成工作现场的整理、设备和工量刃具的维护保养、工作日志的撰写等工作。 在工作过程中要注意个人防护，严格执行焊割安全操作规程，要制定合理的装配和焊接工艺规程，注意检查材料型号、规格是否符合图样要求，在装配过程中注意预留反变形，腹板和翼板最后进行装配、焊接，注意及时检验焊接表面质量，及时修补有缺陷的地方。对加工产生的废品，依据《中华人民共和国固体废物污染环境防治法》要求进行集中收集管理，再按《废弃物管理规定》进行处理，维护车间生产安全。	36
3	低碳钢法兰盘的焊接	企业需要加工36个规格为DN100的低碳钢法兰盘，工期要求为4天。要求遵守焊接安全操作规程，严格按照施工标准、焊接工艺卡完成焊接操作，记录工作过程并存档。	24

| 3 | 低碳钢法兰盘的焊接 | 　操作人员从生产主管处接受工作任务，领取任务单、工艺卡、图样；分析图样，查阅参考资料，独立制订工作计划，确定焊接步骤；检查场地安全，准备焊割工具、焊材及母材，按照法兰盘图样下料和进行坡口加工；按照图样组对装配，注意偏心度和间隙要求；按照工艺卡焊接法兰盘，外观、焊脚尺寸应符合焊接要求；按照外观要求检验焊接表面质量，需返修部位应进行补焊；完成工作现场的整理、设备和工量刃具的维护保养、工作日志的撰写等工作。
　在工作过程中要注意个人防护，严格执行焊割安全操作规程，要制定合理的装配和焊接工艺规程，注意检查材料型号、规格是否符合图样要求，在装配过程中注意管道的偏心度、立角和仰角焊接，注意及时检验焊接表面质量，及时修补有缺陷的地方。对加工产生的废品，依据《中华人民共和国固体废物污染环境防治法》要求进行集中收集管理，再按《废弃物管理规定》进行处理，维护车间生产安全。 | |
| 4 | 自动送料装置的支架焊接 | 　企业需为客户生产一批自动送料装置，该装置的支架需要通过焊接加工的方式完成总装。支架零部件下料和加工均采用机械加工方式进行。支架加工完成后交付焊接车间进行装配、焊接。采用焊条电弧焊焊接支架，要求在8天内完成焊接工作。
　操作人员从生产主管处接受工作任务，领取任务单、工艺卡、图样；分析图样，查阅参考资料，制订工作计划，确定焊接步骤；制定出自动送料装置支架的装配及焊接工艺，准备焊割工具、焊材，检查设备状态及场地安全情况；按照工艺卡首先进行支架NO.1板-管组对装配及焊接，然后进行支架NO.2肋板的装配及板-板-管焊接，其次进行支架NO.3板-板的装配及焊接，最后进行支架NO.3板-管的装配及定位焊；焊接过程中注意清理表面及层间焊渣、飞溅物，板-管连接处只能单面焊接且要保证熔合良好，焊后检验焊接表面质量，保证无裂纹、夹渣、气孔、未熔合、焊瘤等缺陷；完成工作现场的整理、设备和工量刃具的维护保养、工作日志的撰写等工作。
　在工作过程中，操作人员应严格遵守焊接安全操作规程、企业质量体系管理制度、安全生产制度、环保管理制度、7S管理规定等。注意个人防护，注意检查材料型号、规格是否符合图样要求，注意检验焊接表面质量。按照7S管理规定整理、整顿工作现场。对加工产生的废品，依据《中华人民共和国固体废物污染环境防治法》要求进行集中收集管理，再按《废弃物管理规定》进行处理，维护车间生产安全。 | 46 |

教学实施建议

1. 教学组织方式与建议

采用行动导向的教学方法。为确保教学安全，增强教学效果，建议采用分组教学的形式（4~5人/组），班级人数不超过30人。在完成工作任务的过程中，教师须加强示范与指导，注重学生规范操作和职业素养的培养。

2. 教学资源配备建议

（1）教学场地

一体化学习工作站必须具备良好的安全、照明和通风条件，可分为集中教学区、分组教学区、信息检索区、工具存放区和成果展示区，并配备相应的多媒体教学设备等。实习场地面积以可至少同时容纳35人开展教学活动为宜。

（2）工具、量具、材料、设备

工具：清渣锤、扁錾、锤子、钢丝刷、活动扳手、尖嘴钳、装配工具、夹具等。

量具：钢直尺、直角尺等。

材料：个人防护用品（工作帽、工作服、手套、劳保鞋、面罩、口罩等）、焊接材料（焊条、焊丝、钢板、钢管等）。

设备：角磨机、焊条电弧焊设备、二氧化碳气体保护焊设备等。

（3）教学资料

按组配置：焊接安全操作规程、零部件焊接作业指导书、焊接质量控制体系认证标准。

按学生个人配置：工作页、教材、任务单、工作记录单。

教学考核要求

采用过程性考核和终结性考核相结合的方式。

1. 过程性考核（70%）

采用自我评价、小组评价和教师评价相结合的方式进行考核；学生应学会自我评价，教师要观察学生的学习过程，结合学生的自我评价、小组评价进行总评并提出改进建议。必要时可加入企业人员参与过程性考核。

（1）课堂考核：考核出勤、学习态度、课堂纪律、小组合作与展示等情况。

（2）作业考核：考核工作页的完成、成果展示、课后练习等情况。

（3）阶段考核：书面测试、实操测试、口述测试。

2. 终结性考核（30%）

用与参考性学习任务难度相近的零部件焊接工作任务为载体，采用书面测试和实操测试相结合的方式进行考核，学生根据情境描述中的要求，严格按照焊接安全操作规程，在规定时间内完成焊接工作任务，并达到工艺要求。

考核任务案例：裁判计时台的制作。

【情境描述】

某学院将举办运动会，需要在6天时间内制作3个裁判计时台，裁判计时台长4 m、高3 m、宽1 m，共8个裁判台阶，载质量为500 kg。

【任务要求】

（1）与运动会主办方进行沟通，明确任务要求。

（2）查阅相关资料，绘制裁判计时台的装配图。

（3）依据装配图编制焊接工艺卡、耗材清单并制订工作计划。

（4）准备焊割设备、焊接材料及辅具。

（5）依据焊接安全操作规程完成焊接作业场地安全检查和个人防护用品的穿戴，并完成焊接前的准备工作。

（6）按技术要求完成下料工作，并检查坡口及备料质量。

（7）操作焊接设备完成裁判计时台的焊接与装配，在工作过程中，应严格遵守企业操作规程、安全生产制度、环保管理制度以及7S管理规定。

（8）依据技术要求检验焊接质量，并填写验收单。

（9）按7S管理规定整理、整顿工作现场。

（10）分析、总结任务完成过程中的不足，并提出改进措施。

【参考资料】

完成上述工作任务过程中，可使用所有常见参考资料，如工作页、焊接手册、专业教材、加工工艺手册、安全操作规程、个人笔记等。

（三）机械部件的装配与调试课程标准

工学一体化课程名称	机械部件的装配与调试	基准学时	320

典型工作任务描述

机械部件是机械设备的组成部分，由若干装配在一起的零件组成。机械部件的装配就是按照规定的技术要求，将机械零件连接、组装成部件的工作过程。机械部件装配是机械设备装配的一部分，在设备装配过程中，零件先被装配成部件，然后进入总装配环节装配成设备。

机械设备装配小组从生产主管处接受机械部件装配任务单，根据装配图，查阅相关资料，在充分考虑装配质量、效率及经济性的前提下，根据现有生产条件制定装配工艺规程。准备零件、检测工具、装配工具、装配设备等，按照装配工艺规程规定的装配顺序、装配方法与组织形式，对零件进行组装、调整、固定、密封等操作，将零件组装成部件，最终通过调试达到验收要求。填写任务交接单，交付生产主管审核。按照7S管理规定整理、整顿工作现场，维护保养设备和工量刃具，归还领取的工具、仪器、技术资料等，并填写工作日志。

在机械部件的装配与调试过程中，应严格遵守企业操作规程、常用量具的保养规范、企业质量体系管理制度、安全生产制度、环保管理制度、7S管理规定等，按装配工艺规程进行装配与调试，保证部件的装配符合技术要求。

工作内容分析

工作对象：

1. 装配任务单及装配图的分析；

2. 装配工艺规程的制定；

3. 零件、检测工具、装配工具、装配设备等的准备；

4. 零件的清洗与检测；

5. 零件的组装与调整；

6. 零部件的密封与润滑；

7. 部件的试车、验收。

工具、量具、材料、设备与资料：

1. 工具：锤子、铜棒、旋具、活动扳手、夹具等；

2. 量具：游标卡尺、千分尺、百分表、直角尺、振动仪、噪声检测仪、红外线温度计等；

3. 材料：装配零件、常用标准件、备用件、润滑油、清洗剂、显示剂等；

4. 设备：台虎钳、台式钻床、砂轮机、货料架、起重机、零件周转车等；

5. 资料：装配图、机械设计手册、装配工艺手册、装配设备的安全操作规程等。

工作方法：

1. 装配图的识读方法；

2. 资料的查阅方法；

3. 装配工艺规程的制定方法；

4. 通用量具、装配工具的选用方法；

5. 零件的检测方法；

6. 零件的清洗方法；

7. 零件的连接与装配方法；

8. 零部件的密封与润滑方法；

9. 装配精度的检测方法；

10. 部件的试车与验收方法；

11. 沟通协作的方法。

劳动组织方式：

1. 从生产主管处领取工作任务，以小组合作的方式对装配图进行分析；

2. 小组依据任务需求从库房领取设备、工具、量具及装配零件；

3. 采用集中装配法，以小组合作方式完成装配工作；

4. 工作完成后交付生产主管进行验收。

工作要求：

1. 读懂装配图，明确装配任务要求；

2. 根据装配图和相关资料，在充分考虑装配质量、效率及经济性的前提下，根据现有生产条件制定装配工艺规程；

3. 正确选用零件、检测工具、装配工具、装配设备等；

4. 装配前清理、清洗零件，检测安装基体及零件质量，修复或更换不合格件，在配合表面涂润滑油；

5. 运用常用传动件、连接件、操纵机构等的装配方法与技能，按照操作规范及装配要求正确装配零件；

6. 规范使用通用量具，按照装配图及工艺卡要求对零件装配精度进行调整；

7. 紧固零件，不准有松动现象，可能有振动的零件应有防松装置；

8. 正确选择润滑油与润滑方法，按验收标准对零部件进行密封与润滑；

9. 规范使用检测工具对部件进行检测，根据验收标准对部件进行验收。

课程目标

学习完本课程后，学生应当能胜任机械部件的装配与调试工作，包括：

1. 能读懂装配图，掌握常用装配设备的使用方法，通过分析现有生产条件，制定装配工艺规程。

2. 了解零件的性能，工量具的种类、性能与规格，能根据装配工艺规程准备零件、检测工具、装配工具、装配设备。

3. 能应用正确方法对零件进行清理和清洗，能根据部件安装要求及零件图对零件进行质量检测。

4. 能根据现有生产条件合理制定机械部件的装配工艺方案，正确识读并规范填写装配工艺文件。

5. 掌握装配钳工技能、工具的使用方法、常用部件的装配方法，能根据相关设备操作规范及装配工艺规程正确装配部件。

6. 能规范使用通用量具，按照装配图及工艺卡要求对装配精度进行调整。

7. 能熟练应用紧固与防松方法对零件进行紧固与防松。

8. 能正确选择润滑油与润滑方法，按验收标准对零部件进行密封与润滑。

9. 能规范使用通用量具、振动仪、噪声检测仪、红外线温度计等检测工具，对部件几何精度及运动精度进行检测，按照验收标准及验收规范对装配部件进行验收。

10. 能对工作过程的资料进行收集、整合，利用多媒体设备和专业术语展示和表达工作成果，并通过对装配质量及工艺过程的分析进行方案优化。

学习内容

本课程主要学习内容包括：

一、任务单的分析与资料的查阅

实践知识：任务单的阅读分析；装配图的识读；相关标准、信息的查阅；装配要点及验收标准的分析。

理论知识：装配图的内容与识读方法；设备的结构与工作原理；设备的传动系统图；相关标准、信息的查阅方法。

二、装配工艺方案的制定

实践知识：装配工艺资料的准备与信息查询；装配工艺的分析；生产类型及生产条件的分析；装配设备的选用；装配顺序的确定；装配组织形式的确定；装配单元的划分；装配单元系统图的绘制；装配工序的划分。

理论知识：装配的概念与装配精度内容；装配工作内容；保证装配精度的方法；装配工艺方案制定的依据与原则；生产类型及生产条件对装配工艺的影响；常用装配设备的结构、原理及应用；装配顺序的确定方法；装配组织形式的确定方法；装配单元的划分方法；装配单元系统图的绘制方法；装配工序的划分方法。

三、装配工艺规程的确定

实践知识：装配工艺方案的合理性判断；装配工艺方案的优化；工序内容的确定；装配方法的确定；时间定额的确定；工量具的选用；装配尺寸链的计算；装配工艺文件的编制。

理论知识：装配工艺方案的合理性判断方法；装配工艺方案的优化方法；装配工艺规程的制定原则；装配工序及其内容；装配尺寸链的计算方法；常用量具的原理、规格及选用；装配工艺文件的格式与内容。

四、机械部件的装配

实践知识：装配设备的规范操作与维护；钳工常用工量具的规范使用；零件的清理与清洗；零件质量的检验；零部件的吊装；过盈连接、胶接、铆接、配作等装配操作；锉削、刮削、孔加工等钳工基本操作；键、销、螺钉等连接件的装配与调整；齿轮、蜗轮、螺旋传动、带传动、联轴器、离合器、滚珠丝杠、直线导轨、回转工作台等传动机构的装配与调整；滚动轴承及滑动轴承的装配与调整；弹簧的装配；操纵机构的装配；组件的装配；部件的总装；零部件的润滑与密封；场地及物品的管理、固体废弃物的处理。

理论知识：配合性质及其选用方法；钳工常用工量具的使用方法；过盈连接、胶接、铆接、配作等装配方法的特点与应用；键、销、螺钉等连接件的装配与调整方法；齿轮、蜗轮、螺旋传动、带传动、联轴器、离合器、滚珠丝杠、直线导轨、回转工作台等传动机构的装配与调整方法；轴承类型及其装配与调整方法；常见操纵机构原理；零部件的润滑与密封方法；起重机的工作原理及安全使用方法；安全生产制度、环保管理制度及7S管理规定。

五、机械部件的检测与调整

实践知识：装配尺寸、位置精度、接触精度、运动精度等装配精度的检测与调整；回转件的平衡检测与调整；运动部件的灵活性检查，连接部位的可靠性检查，密封性能检查等；振动仪等检测工具的使用。

理论知识：装配精度的内容；回转件的平衡检测与调整方法；运动部件的灵活性检查方法、连接部位的可靠性检查方法、密封性能检查方法等；振动仪等检测工具的原理与应用。

六、机械部件的试车与验收

实践知识：机械部件的试车，机械部件几何精度及运动精度的检测；机械部件的验收；噪声检测仪、红外线温度计等检测工具的使用。

理论知识：机械部件的验收标准及规范；机械部件几何精度及运动精度的检测方法；机械部件的验收方法；噪声检测仪、红外线温度计等检测工具的原理与应用。

七、通用能力、职业素养、思政素养

自主学习、自我管理、信息检索、理解与表达、交往与合作、创新思维、解决问题等通用能力，安全意识、质量意识、规范意识、效率意识、成本意识、环保意识、市场意识、服务意识等职业素养，以及劳模精神、劳动精神、工匠精神等思政素养。

参考性学习任务

序号	名称	学习任务描述	参考学时
1	减速器的装配与调试	企业接到某型号减速器的装配任务，数量为10件，工期为12天。现生产主管安排装配车间完成减速器的装配与调试任务。 装配人员识读减速器装配图并查阅相关标准，对减速器结构与原理进行分析，确定装配技术要求；分析装配工艺规程，确定装配方法与装配要点；按照分工准备装配设备、工具、量具，领取零件，并对零件进行清洗与检验；规范使用工量具，按照装配工艺规程对零件进行连接、组装，并按照装配要求进行调整、紧固、密封、润滑，最后进行试车检验，保证减速器达到装配技术要求与验收标	70

1	减速器的装配与调试	准；整理工作现场，维护保养设备和工量刃具并交回，完成工作日志的撰写。 在工作过程中，装配人员应严格遵守企业操作规程、常用量具的保养规范、企业质量体系管理制度、安全生产制度、环保管理制度、7S 管理规定等。对装配过程中产生的废品，依据《中华人民共和国固体废物污染环境防治法》要求进行集中收集管理，再按《废弃物管理规定》进行处理，维护车间生产安全。	
2	CA6140 型车床溜板箱的装配与调试	企业接到 5 台 CA6140 型车床溜板箱的装配与调试任务，工期为 9 天。现生产主管安排装配车间完成溜板箱的装配与调试任务。 装配人员识读溜板箱装配图并查阅相关标准，对溜板箱结构与原理进行分析，确定装配技术要求；分析装配工艺规程，确定装配方法与装配要点；按照分工准备装配设备、工具、量具，领取零件，并对零件进行清洗与检验；规范使用工量具，按照装配工艺规程对零件进行连接、组装，依次完成各轴组件的装配及溜板箱部件的总装，按照装配要求对轴承、齿轮及丝杠进行位置及间隙的检测与调整，并对溜板箱的零部件进行紧固、密封、润滑等操作，最后进行试车检验，保证溜板箱达到装配技术要求与验收标准；整理工作现场，维护保养设备和工量刃具并交回，完成工作日志的撰写。 在工作过程中，装配人员应严格遵守企业操作规程、常用量具的保养规范、企业质量体系管理制度、安全生产制度、环保管理制度、7S 管理规定等。对装配过程中产生的废品，依据《中华人民共和国固体废物污染环境防治法》要求进行集中收集管理，再按《废弃物管理规定》进行处理，维护车间生产安全。	50
3	CA6140 型车床主轴箱的装配与调试	企业接到 5 台 CA6140 型车床主轴箱的装配与调试任务，工期为 10 天。现生产主管安排装配车间完成主轴箱的装配与调试任务。 装配人员识读主轴箱装配图并查阅相关标准，对主轴箱结构与原理进行分析，确定装配技术要求；分析装配工艺规程，确定装配方法与装配要点；按照分工准备装配设备、工具、量具，领取零件，并对零件进行清洗与检验；规范使用工量具，按照装配工艺规程对零件进行连接、组装，依次完成各传动轴组件的装配、主轴箱的初装配，对主轴箱进行几何精度及运动精度检测与调试，对主轴箱相关零部件进行密封与润滑、试车检验，保证主轴箱达到装配技术要求与验收标准；整理工作现场，维护保养设备和工量刃具并交回，完成工作日志的撰写。	60

3	CA6140 型车床主轴箱的装配与调试	在工作过程中，装配人员应严格遵守企业操作规程、常用量具的保养规范、企业质量体系管理制度、安全生产制度、环保管理制度、7S 管理规定等。对装配过程中产生的废品，依据《中华人民共和国固体废物污染环境防治法》要求进行集中收集管理，再按《废弃物管理规定》进行处理，维护车间生产安全。	
4	CA6140 型车床刀架及小滑板的装配与调试	企业接到 10 台 CA6140 型车床刀架及小滑板的装配与调试任务，工期为 5 天。现生产主管安排装配车间完成刀架及小滑板的装配与调试任务。 装配人员识读装配图并查阅相关标准，对刀架及小滑板的结构与原理进行分析，确定装配技术要求；根据任务要求及现有生产条件，查阅相关资料，制定装配工艺方案，绘制装配单元系统图；按照分工准备装配设备、工具、量具，领取零件，并对零件进行清洗与检验；规范使用工量具，按照装配单元系统图对零件进行连接、组装，对刀架及小滑板进行几何精度及运动精度检测与调试，保证刀架及小滑板达到装配技术要求与验收标准；整理工作现场，维护保养设备和工量刃具并交回，完成工作日志的撰写。 在工作过程中，装配人员应严格遵守企业操作规程、常用量具的保养规范、企业质量体系管理制度、安全生产制度、环保管理制度、7S 管理规定等。对装配过程中产生的废品，依据《中华人民共和国固体废物污染环境防治法》要求进行集中收集管理，再按《废弃物管理规定》进行处理，维护车间生产安全。	30
5	CA6140 型车床尾座的装配与调试	企业接到 CA6140 型车床尾座的装配与调试任务，工期为 5 天。现生产主管安排装配车间完成尾座的装配与调试任务。 装配人员根据任务单、装配图及有关标准手册，对车床尾座的结构、原理、装配技术要求、验收标准、装配关键技术等进行分析，根据任务要求及现有生产条件，查阅相关资料，制定装配工艺方案，填写工艺文件并交生产主管审核；按照分工准备装配设备、工具、量具，领取零件，并对零件进行清洗与检验；规范使用工量具，按照装配工艺规程进行零件连接、零件组装、底板修刮等操作，装配后对尾座的几何精度及运动精度进行检测与调试，对相关部位进行密封与润滑、试车检验，保证尾座达到装配技术要求与验收标准；整理工作现场，维护保养设备和工量刃具并交回，完成工作日志的撰写。	30

5	CA6140 型车床尾座的装配与调试	在工作过程中，装配人员应严格遵守企业操作规程、常用量具的保养规范、企业质量体系管理制度、安全生产制度、环保管理制度、7S 管理规定等。对装配过程中产生的废品，依据《中华人民共和国固体废物污染环境防治法》要求进行集中收集管理，再按《废弃物管理规定》进行处理，维护车间生产安全。	
6	二维工作台的装配与调试	企业接到 5 台数控铣床二维工作台的装配与调试任务，工期为 9 天。该工作台机械结构主要包括滚珠丝杠、直线导轨副等。现生产主管安排装配车间完成二维工作台的装配与调试任务。 装配人员对二维工作台结构与原理进行分析，确定装配技术要求、装配关键技术，制定装配工艺规程；按照分工准备装配设备，领取工具、量具、零件，并对零件进行清洗与检验；按照工艺文件的要求对零件进行组装，对滚珠丝杠等传动件及直线导轨副进行检测、调整，对相关零部件进行紧固、密封与润滑，试车检验，保证二维工作台达到装配技术要求与验收标准；整理工作现场，维护保养设备和工量刃具并交回，完成工作日志的撰写。 在工作过程中，装配人员应严格遵守企业操作规程、常用量具的保养规范、企业质量体系管理制度、安全生产制度、环保管理制度、7S 管理规定等。对装配过程中产生的废品，依据《中华人民共和国固体废物污染环境防治法》要求进行集中收集管理，再按《废弃物管理规定》进行处理，维护车间生产安全。	50
7	间歇回转工作台的装配与调试	企业接到 10 台间歇回转工作台的装配与调试任务，工期为 5 天。该工作台机械结构主要包括蜗轮、蜗杆、槽轮等。现生产主管安排装配车间完成间歇回转工作台的装配与调试任务。 装配人员对间歇回转工作台结构与原理进行分析，确定装配技术要求、装配关键技术，制定装配工艺规程；按照分工准备装配设备，领取工具、量具、零件，并对零件进行清洗与检验；按照工艺文件的要求对零件进行组装，对分度机构进行检测、调整，对相关零部件进行紧固、密封与润滑，试车检验，保证间歇回转工作台达到装配技术要求与验收标准；整理工作现场，维护保养设备和工量刃具并交回，完成工作日志的撰写。 在工作过程中，装配人员应严格遵守企业操作规程、常用量具的保养规范、企业质量体系管理制度、安全生产制度、环保管理制度、7S 管理规定等。对装配过程中产生的废品，依据《中华人民共和国固体废物污染环境防治法》要求进行集中收集管理，再按《废弃物管理规定》进行处理，维护车间生产安全。	30

教学实施建议

1. 教学组织方式与建议

采用行动导向的教学方法。为确保教学安全，增强教学效果，建议采用分组教学的形式（4~5人/组），班级人数不超过30人。在完成工作任务的过程中，教师须加强示范与指导，注重学生规范操作和职业素养的培养。

2. 教学资源配备建议

（1）教学场地

一体化学习工作站必须具备良好的安全、照明和通风条件，可以分为集中教学区、分组教学区、信息检索区、工具存放区和成果展示区，并配备相应的多媒体教学设备等。实习场地面积以可至少同时容纳35人开展教学活动为宜。

（2）工具、量具、材料、设备

工具：锤子、铜棒、旋具、活动扳手、夹具等。

量具：游标卡尺、千分尺、百分表、直角尺、振动仪、噪声检测仪、红外线温度计等。

材料：装配零件、常用标准件、备用件、润滑油、清洗剂、显示剂等。

设备：台虎钳、台式钻床、砂轮机、货料架、起重机、零件周转车等。

（3）教学资料

装配图、机械设计手册、装配工艺手册、教材、工作页、教学视频、网络资源等。

教学考核要求

采用过程性考核和终结性考核相结合的方式。

1. 过程性考核（70%）

采用自我评价、小组评价和教师评价相结合的方式进行考核；学生应学会自我评价，教师要观察学生的学习过程，结合学生的自我评价、小组评价进行总评并提出改进建议。

（1）课堂考核：考核出勤、学习态度、课堂纪律、小组合作与展示等情况。

（2）作业考核：考核工作页的完成、成果展示、课后练习等情况。

（3）阶段考核：书面测试、实操测试、口述测试。

2. 终结性考核（30%）

用与参考性学习任务难度相近的机械部件的装配与调试工作任务为载体，采用书面测试和实操测试相结合的方式进行考核，学生根据情境描述中的要求，严格按照作业规范，在规定时间内完成装配与调试工作任务，并达到任务要求。

考核任务案例：数控打孔机二维工作台的装配与调试。

【情境描述】

某企业接到5台数控打孔机二维工作台的装配与调试订单，该工作台机械结构主要包括滚珠丝杠、直线导轨副等传动机构。生产主管将该工作任务交给装配车间，要求利用现有设备，按图样要求完成装配任务。

【任务要求】

（1）读懂装配图，列出装配主要技术要求及装配要点。

（2）绘制装配系统图，制定装配工艺规程，编制装配工艺卡。

（3）根据装配工艺规程，领取工具、量具与装配零件等，填写领料单。

（4）规范使用设备及工量具完成二维工作台的装配与调试，填写工作记录。

（5）按照操作规范完成二维工作台的检测，填写验收单。

（6）在工作过程中，严格遵守企业操作规程、安全生产制度、环保管理制度以及7S管理规定。

（7）能与教师、组员、仓库管理员等相关人员进行有效、专业的沟通与合作。

【参考资料】

完成上述工作任务过程中，可以使用所有常见参考资料，如产品说明书、装配图、机械设计手册、装配工艺手册、工作页、教材等。

（四）设备的电气部件安装与调试课程标准

工学一体化课程名称	设备的电气部件安装与调试	基准学时	320

典型工作任务描述

设备的电气部件安装与调试是现代工业生产中常见的工作任务，其主要任务包括照明线路的安装与调试和电动机继电器控制线路的安装与调试，并按照技术要求进行检测、通电试运行。

电工接受设备的电气部件安装与调试工作任务后，根据任务要求制订工作计划，识读电气原理图、安装图、接线图和元器件明细表，准备工具和材料，做好工作现场准备，核对元器件型号与规格，检查其质量，确定安装位置，严格遵守作业规范安装元器件，按图接线，检测并通电试运行，贴铭牌标签，填写相关表格并交付生产主管验收。此外，该工作任务还包括设备运行中的常见电气故障检修，即按照故障排除步骤和方法查找故障点，制定维修方案，准备材料，实施维修，恢复控制功能，填写维修记录，并交付设备。

工作过程中严格按照电工作业规程做好安全防护措施，确保工作安全，按照7S管理规定清理场地，归置物品。

工作内容分析

工作对象：	工具、量具、材料、设备与资料：	工作要求：
1. 接受控制线路安装与调试任务，明确工作任务要求；	1. 工具：常用电工工具（剥线钳、尖嘴钳、压线钳等）、登高工具、个人防护用品等；	1. 执行安全操作规程、7S管理规定等；
2. 识读电气原理图、安装图、接线图；	2. 量具：万用表、兆欧表、试电笔等；	2. 明确任务要求和个人工作职责，服从安排；
3. 准备工具和材料；	3. 材料：导线、控制器件、保护器件、线槽、线管、绝缘材料、铭牌标签、绑扎带等；	3. 识读图样，明确安装与调试所需的工具、材料，明确安装技术要求；
	4. 设备：冲击钻、手电钻等；	

4. 核对元器件型号与规格，检查其质量；	5. 资料：任务单、电气原理图、安装图、接线图、说明书、维修记录、电气安全操作规程、电工手册、电气安装施工规范等。	4. 按照作业规程，应用必要的标识和隔离措施确保工作现场安全；
5. 确定安装位置，准备好工作现场；	**工作方法：**	5. 按图样要求安全、规范地完成安装与调试；
6. 严格遵守作业规范安装元器件，按图接线；	1. 常用电工工具和仪表的使用方法；	6. 工作完成后，按任务单的要求进行自检，确保实现控制功能；
	2. 线路的布线方法；	
7. 检测，通电试运行，记录运行情况；	3. 安装工具的使用方法；	7. 按照图样正确标注有关控制功能的铭牌标签，方便使用及维护；
	4. 查阅资料的方法；	
8. 根据任务要求检测调试线路，实现控制功能，贴铭牌标签；	5. 安全用电的方法；	8. 工作完毕清点工具、人员等，收集剩余材料，清理垃圾，拆除防护设施；
	6. 元器件的选用与检查方法；	
9. 按照7S管理规定清理场地，归置物品；	7. 查找线路故障的方法。	9. 正确填写任务单的验收项目，并交付验收。
	劳动组织方式：	
10. 填写相关表格并交付生产主管验收。	1. 以个人或小组合作形式完成工作任务；	
	2. 从生产主管处领取工作任务；	
	3. 与其他部门有效沟通、协调，创造工作条件；	
	4. 与组员有效沟通，合作完成安装与调试任务；	
	5. 从仓库领取工具和材料等；	
	6. 完工自检后交付生产主管验收。	

课程目标

学习完本课程后，学生应当能胜任设备的电气部件安装与调试工作，包括：

1. 通过观摩现场、观看视频和图片等方式，掌握电工的职业特征以及遵循安全操作规程的必要性，了解企业安全生产要求、企业规章制度和技术发展趋势等，并能通过各种方式展示所获取的信息。

2. 通过学习安全用电知识，明确电气安全操作规程、常见触电方式，能运用触电急救的方法实施触电急救。

3. 能识读电气原理图，明确常见照明元器件及低压电器的图形符号、文字符号，了解控制器件的动作过程，明确控制原理。

4. 能识读安装图、接线图，明确安装要求，确定元器件、控制柜、电动机等的安装位置，并能正确连接线路。

5. 能正确使用电工工具和万用表、兆欧表等测量仪表。

6. 能正确识别和选用元器件，核查元器件的型号和规格是否符合图样要求，并对其外观进行检查。

7. 能按图样要求、安全规范和设备要求，准备工具，领取材料，安装元器件，按图接线，实现控制线路的正确连接。

8. 能检测并验证电气线路安装的正确性。

9. 能按照安全操作规程正确通电运行。

10. 能正确标注各控制功能的铭牌标签。

11. 能根据故障现象和电气原理图分析故障范围，查找故障点，并进行故障检修。

12. 工作完毕，能清点工具、人员等，收集剩余材料，清理垃圾，拆除防护设施。

13. 能正确填写任务单的验收项目，并交付验收。

学习内容

本课程的主要学习内容包括：

一、任务单的阅读分析及资料查阅

实践知识：设备的电气部件安装与调试任务单的阅读分析；元器件使用说明书的查阅；网络信息的查询。

理论知识：安全用电知识；常见触电方式、触电急救的方法；电气安全操作规程；识读电气原理图的方法；常见照明元器件及低压电器的图形符号、文字符号；控制器件的动作过程。

二、设备的电气部件安装与调试方案的制定

实践知识：常见电气设备的电气原理图、安装图、接线图的识读；电气原理图、安装图、接线图的设计；任务实施过程中所需的工具、仪表及元器件明细表的确定；考核评价方式的制定。

理论知识：电动机的基本结构和工作原理；CA6140 型车床刀架快速进给控制线路、Z3040 型摇臂钻床摇臂升降控制线路、运料小车自动往返控制线路、CA6140 型车床电气控制线路、离心式通风机启动控制线路、起重机制动控制线路。

三、设备的电气部件安装与调试方案的审核确认

实践知识：方案的合理性判断；方案的优化。

理论知识：方案的合理性判断方法；方案的优化方法。

四、设备的电气部件安装与调试实施

实践知识：电气部件安装与调试所需工具、材料、位置等的确定；元器件的识别和选用；元器件型号与规格是否符合图样要求的检查以及外观检查；控制线路的正确连接；检测，验证电气线路安装的正确性。

理论知识：安全操作规程；低压电器的相关知识；电工工具、万用表和兆欧表等测量仪表的使用方法和注意事项。

五、设备的电气部件故障诊断与检修

实践知识：故障点的查找；维修方案的制定；维修材料的准备；维修过程的实施；维修记录的填写。

理论知识：低压电子元器件的检修方法；电气线路故障的检测方法。

六、交付验收

实践知识：剩余材料的收集，垃圾的清理，防护设施的拆除；任务单验收项目的填写。

理论知识：7S 管理规定与安全操作规程；任务单验收项目的填写方法。

七、通用能力、职业素养、思政素养

自主学习、自我管理、信息检索、理解与表达、交往与合作、创新思维、解决问题等通用能力，安全意识、质量意识、规范意识、效率意识、成本意识、环保意识、市场意识、服务意识等职业素养，以及劳模精神、劳动精神、工匠精神等思政素养。

参考性学习任务

序号	名称	学习任务描述	参考学时
1	照明线路与电源箱的安装与调试	某企业新上一条生产线，需要对办公室和车间的照明线路与电源箱进行安装与调试。 操作人员进行现场勘察，根据任务要求设计照明线路的安装设计图，准备工具和材料，做好工作现场准备，严格遵守作业规范进行施工，安装完毕进行调试和自检，自检合格后填写相关表格并交付验收。 任务完成过程中，必须时刻注意安全用电，严禁带电作业，必须严格遵守安全操作规程，注意登高作业时的安全；严格根据说明书等要求工作。	60
2	CA6140 型车床刀架快速进给控制线路的安装与调试	某企业有 10 台 CA6140 型车床，车床已使用了 10 年，出现了电气线路老化、电气性能下降的问题，影响了正常使用，特别是刀架快速进给出现故障，现需要在 5 天时间内将这 10 台 CA6140 型车床刀架快速进给控制线路的元器件进行更换。 操作人员进行现场勘察，根据任务要求准备工具和材料，做好工作现场准备，严格遵守作业规范更换刀架快速进给控制线路的元器件，更换完毕进行车床刀架快速进给测试，自检合格后填写相关表格并交付验收。 任务完成过程中，必须时刻注意安全用电，严禁带电作业，必须严格遵守安全操作规程，注意登高作业时的安全；严格根据说明书等要求工作。	20
3	小台式钻床控制线路的安装与调试	某企业小台式钻床因使用时间久，部分线路已经老化，现需要完成小台式钻床控制线路元器件的更换。 生产主管根据小台式钻床的控制方式和功能，设计出小台式钻床控制线路；操作人员收集电气原理图、元器件的布置安装等相关技术资料，完成小台式钻床控制线路元器件的更换，按有关标准进行电气功能调试，并且检验电动机的好坏，验证小台式钻床的控制方式和功能；自检合格后填写相关表格并交付验收。 任务完成过程中，必须时刻注意安全用电，严禁带电作业，必须严格遵守安全操作规程，注意登高作业时的安全；严格根据说明书等要求工作。	20
4	Z3040 型摇臂钻床摇臂升降控制线路的安装与调试	某企业 Z3040 型摇臂钻床因使用时间久，部分线路已经老化，摇臂不能正常升降运行，现需要完成该摇臂钻床摇臂升降控制线路元器件的更换，保证摇臂钻床电动机具有双重联锁控制功能。 生产主管根据 Z3040 型摇臂钻床的控制方式和功能，设计出 Z3040 型摇臂钻床摇臂升降控制线路；操作人员收集电气原理图、元器件	30

4	Z3040 型摇臂钻床摇臂升降控制线路的安装与调试	的布置安装等相关技术资料，完成 Z3040 型摇臂钻床摇臂升降控制线路元器件的更换，且保证按钮、接触器按照双重联锁控制功能要求装接，按有关标准进行电气功能调试；自检合格后填写相关表格并交付验收。 　　任务完成过程中，必须时刻注意安全用电，严禁带电作业，必须严格遵守安全操作规程，注意登高作业时的安全；严格根据说明书等要求工作。	
5	运料小车自动往返控制线路的安装与调试	某企业采石场需要一台运料小车，现需对该运料小车自动往返控制线路进行安装与调试，使小车达到以下控制要求：按下启动按钮，小车向终点行驶，到达终点停留 5 s 卸料，然后后退，到达起点停留 5 s 装料，装好后再向终点行驶，如此循环往复，直至按下停车按钮小车停止。小车正反转均可启动。 　　操作人员进行现场勘察，根据任务要求准备工具和材料，做好工作现场准备，严格遵守作业规范安装控制线路的元器件并装接线路，对运料小车自动往返功能进行测试，自检合格后填写相关表格并交付验收。 　　任务完成过程中，必须时刻注意安全用电，严禁带电作业，必须严格遵守安全操作规程，注意登高作业时的安全；严格根据说明书等要求工作。	30
6	CA6140 型车床电气控制线路的安装与调试	某企业有 10 台 CA6140 型车床，车床已使用了 10 年，出现了电气线路老化、电气性能下降的问题，影响了正常使用，现需要在 6 天时间内将这 10 台 CA6140 型车床电气控制线路的元器件进行更换，并按原机床的电气原理图重新进行线路的装接。 　　操作人员进行现场勘察，根据任务要求准备工具和材料，做好工作现场准备，严格遵守作业规范更换电气控制线路的元器件并装接线路，对车床功能进行测试，自检合格后填写相关表格并交付验收。 　　任务完成过程中，必须时刻注意安全用电，严禁带电作业，必须严格遵守安全操作规程，注意登高作业时的安全；严格根据说明书等要求工作。	40
7	离心式通风机启动控制线路的安装与调试	某企业因生产需要，需安装离心式通风机，风量范围为 1 000~15 000 m³/h，输入功率为 11 kW，要求离心式通风机的电动机采用丫-△降压启动方式，按操作规范完成离心式通风机启动控制线路的安装与调试，并交付验收。 　　操作人员进行现场勘察，根据任务要求准备工具和材料，做好工作现场准备，严格遵守作业规范安装控制线路的元器件并装接线路，对离心式通风机功能进行测试，自检合格后填写相关表格并交付验收。	60

7	离心式通风机启动控制线路的安装与调试	任务完成过程中，必须时刻注意安全用电，严禁带电作业，必须严格遵守安全操作规程，注意登高作业时的安全；严格根据说明书等要求工作。	
8	起重机制动控制线路的安装与调试	某企业有10台起重机，起重机已使用了10年，出现了控制线路老化、电气性能下降的问题，不能实现快速制动功能，影响了正常使用，现需要在10天时间内将这10台起重机制动控制线路的元器件进行更换。 操作人员进行现场勘察，根据任务要求准备电气原理图、工具和材料，做好工作现场准备，严格遵守作业规范更换制动控制线路的元器件，按有关标准进行电气功能调试，检验电动机的好坏，验证起重机的控制方式和功能，自检合格后填写相关表格并交付验收。 任务完成过程中，必须时刻注意安全用电，严禁带电作业，必须严格遵守安全操作规程，注意登高作业时的安全；严格根据说明书等要求工作。	60

教学实施建议

1. 教学组织方式与建议

采用行动导向的教学方法。为确保教学安全，增强教学效果，建议采用分组教学的形式（4~5人/组），班级人数不超过30人。在完成工作任务的过程中，教师须加强示范与指导，注重学生规范操作和职业素养的培养。

2. 教学资源配备建议

（1）教学场地

一体化学习工作站必须具备良好的安全、照明和通风条件，可以分为集中教学区、分组教学区、信息检索区、工具存放区和成果展示区，并配备相应的多媒体教学设备等。实习场地面积以可至少同时容纳35人开展教学活动为宜。

（2）工具、量具、材料、设备

工具：常用电工工具（剥线钳、尖嘴钳、压线钳等）、登高工具、个人防护用品等。

量具：万用表、兆欧表、试电笔等。

材料：导线、控制器件、保护器件、线槽、线管、绝缘材料、铭牌标签、绑扎带等。

设备：冲击钻、手电钻等。

（3）教学资料

任务单、电气原理图、安装图、接线图、维修记录、电气安全操作规程、电工手册、电气安装施工规范、工作页、教材、工具书、网络教学资源。

教学考核要求

采用过程性考核和终结性考核相结合的方式。

1. 过程性考核（70%）

采用自我评价、小组评价和教师评价相结合的方式进行考核；学生应学会自我评价，教师要观察学生的学习过程，结合学生的自我评价、小组评价进行总评并提出改进建议。

（1）课堂考核：考核出勤、学习态度、课堂纪律、小组合作与展示等情况。

（2）作业考核：考核工作页的完成、成果展示、课后练习等情况。

（3）阶段考核：书面测试、实操测试、口述测试。

2. 终结性考核（30%）

用与参考性学习任务难度相近的设备电气部件安装与调试工作任务为载体，采用书面测试和实操测试相结合的方式进行考核，学生根据情境描述中的要求，独立完成设备的电气部件安装与调试，并达到任务要求。

考核任务案例：某型号离心式通风机启动控制线路的安装与调试。

【情境描述】

企业接到某型号离心式通风机启动控制线路的安装与调试订单，风量范围为 1 000 ~ 15 000 m³/h。现要求利用现有设备，按操作规范完成该离心式通风机启动控制线路的安装与调试。

【任务要求】

（1）分析任务单，明确工作任务要求。

（2）制订工作计划。

（3）正确、规范地完成元器件的布置、安装。

（4）遵守电气安全操作规程。

（5）正确、规范地完成控制线路的调试。

（6）完成通电校验。

【参考资料】

完成上述工作任务过程中，可以阅读产品说明书、电工手册、电气安全手册、工作页、信息页、教材等。

（五）机电设备装配与调试课程标准

工学一体化课程名称	机电设备装配与调试	基准学时	320

典型工作任务描述

机电设备装配与调试是按照装配图、国家或行业标准等技术文件，完成机械设备装配、调试和电气设备安装的过程。

技术人员从生产主管处接受机电设备装配与调试任务单，根据任务要求制订工作计划，准备工量具、设备、材料等，做好工作现场准备，按照机械装配图、电气原理图等完成机电设备的装配与调试，达到验收要求。填写任务交接单，交付生产主管审核。按照7S管理规定整理、整顿工作现场，维护保养设备和工量具，归还领取的工量具、技术资料等，并填写工作日志。

工作过程中严格遵守企业操作规程、常用量具的保养规范、企业质量体系管理制度、安全生产制度、环保管理制度、7S管理规定等。

工作内容分析

工作对象：	工具、量具、材料、设备与资料：	工作要求：
1. 从生产主管处接受工作任务，从技术	1. 工具：活动扳手、压线钳、剥线钳、夹具等；	1. 装配与调试方案应符合国家标准《机械设备安装工程施工及验收通用规范》

部门获取技术文件，研究技术文件并确定机电设备装配与调试方案； 2. 准备装配与调试所用工量具、设备、材料及场地； 3. 实施装配工作，达到技术要求； 4. 进行机电设备的检测、调试，达到设备工作状态要求，并交付验收。	2. 量具：万用表、兆欧表、百分表、框式水平仪、自准直仪等； 3. 材料：导线、绝缘材料、润滑油、煤油、擦机布等； 4. 设备：吊装设备、压力机等； 5. 资料：装配图、相关国家标准或行业标准。 **工作方法：** 1. 装配、调试方法； 2. 客户沟通技巧； 3. 问题解决方法、措施。 **劳动组织方式：** 1. 从生产主管处领取工作任务； 2. 以小组合作的方式完成工作任务； 3. 与相关工种协作配合。	（GB 50231—2009），机械通用零部件的装配应符合技术要求和客户特殊要求； 2. 工量具、设备、材料应符合使用要求，场地应符合装配施工条件； 3. 装配与调试工作应符合国家标准《机械设备安装工程施工及验收通用规范》（GB 50231—2009）； 4. 根据任务要求进行验收。

课程目标

学完本课程后，学生应当能胜任机电设备装配与调试工作，包括：

1. 能了解机械零件和电子元器件在自动送料装置装配中的应用，能借助手册查阅相关的标准和参数，准确测绘自动送料装置机械零件，并进行较全面的标注。

2. 能规范使用装配工具、夹具、检验设备对零部件和产品进行装配、检验。

3. 能按照安全文明生产规定工作，并排查工作过程中的安全隐患。

4. 能独立阅读分析任务单，明确工作要求和流程，清楚分工和自己的责任。

5. 能按照装配工艺卡和工艺规程完成自动送料装置的装配工作并达到相关标准的要求。

6. 能正确、规范地填写任务评价表，总结任务完成过程，以工作报告的形式交生产主管审阅。

学习内容

本课程的主要学习内容包括：

一、任务单的阅读分析及资料的查阅

实践知识：机械装配图和电气原理图等技术文件的识读；极限与配合相关资料的查阅。

理论知识：机械装配图的基本知识；自动送料装置机械零部件的极限与配合相关知识；国家标准《机械设备安装工程施工及验收通用规范》（GB 50231—2009）、《电气装置安装工程 盘、柜及二次回路接线施工及验收规范》（GB 50171—2012）等。

二、机电设备（自动送料装置）装配与调试方案的制定

实践知识：自动送料装置机械零部件的库存情况、标件数量、非标准件数量、成品和半成品数量等信息的检索；自动送料装置的电子元器件及安装配件、导线型号和数量、安装接线规格等信息的查询和统计；机电设备装配与调试工期及用户需求等基本情况的了解；现场安装或者预置安装的判断；自动送料装置装配与调试方案的撰写。

理论知识：机械零部件和电子元器件的库存管理方法、盘点标准；标准件和标准电子元器件的购置和使用方法；非标准件和自制电子元器件的加工方法和工艺标准；常用标准件及电子元器件的使用方法、安装规范和注意事项等。

三、机电设备（自动送料装置）装配与调试方案的审定

实践知识：与生产主管沟通，征求意见或建议；与用户沟通，获取用户需求；勘察现场和相关施工条件；方案优化和修订。

理论知识：有效沟通的方法；勘察现场的重要技术指标；施工条件的确认方法；自动送料装置技术文档的整理与归档。

四、机电设备（自动送料装置）装配与调试的实施

实践知识：自动送料装置机械零件的检测、清洗与修整；自动送料装置机械零部件的装配与检查；电子元器件的安装、接线与测试；气路的安装与调整；手动功能调试；自动功能调试。

理论知识：控制任务的设计与分析方法；气路及气动控制原理；电路及 PLC 程序控制原理；电子元器件的匹配与选型方法。

五、机电设备（自动送料装置）装配与调试的检查、评价

实践知识：机械结构的动作（手动）检查；气路（一般气缸机构）的手动检查；电路断电仪表检查（确保安全）；电路通电仪表检查（输入元器件测试）；PLC 编程完成输出元器件的检查（功能动作测试）；手动功能检查；设备自动运行（单周期和连续运行）功能检查；自动送料装置故障诊断与功能优化；填写各阶段检查过程记录单，并按相关指标评价功能和优化等级。

理论知识：检查与评价的方法；机械结构及传动检查的方法和注意事项；气路检查的一般原则；电路检查的关键因素和一般步骤；PLC 程序设计方法和技巧；手动功能检查的必要性；自动运行功能的优化指标；检查过程记录单的设计与填写方法。

六、机电设备（自动送料装置）装配与调试的总结

实践知识：自动送料装置装配与调试过程中遇到的困难和问题的总结；自动送料装置技术文件的整理与归档；编写自动送料装置用户使用说明书、维护维修手册等。

理论知识：自动送料装置装配与调试过程中遇到的困难和问题的归类和解决方法；自动送料装置技术文件的整理与归档方法；自动送料装置用户使用说明书、维护维修手册等的编写方法。

七、通用能力、职业素养、思政素养

自主学习、自我管理、信息检索、理解与表达、交往与合作、创新思维、解决问题等通用能力，安全意识、质量意识、规范意识、效率意识、成本意识、环保意识、市场意识、服务意识等职业素养，以及劳模精神、劳动精神、工匠精神等思政素养。

参考性学习任务			
序号	名称	学习任务描述	参考学时
1	自动送料装置机械部件的装配	某企业接到自动送料装置机械部件的装配任务，生产主管根据企业实际生产条件，综合考虑生产成本、装配质量、工程周期等因素，协调吊装部门、生产部门联合完成机械部件的装配工作任务。	70

1	自动送料装置机械部件的装配	操作人员从生产主管处领取任务单，明确工作任务要求，识读机械部件装配图及验收技术标准文件，在生产主管指导下分析机械部件结构的工艺性、机械部件装配的技术要求及装配尺寸链，进行准确计算，并制定机械部件装配工艺。依据装配工艺准备相关工具、量具、夹具及吊装设备，检查设备的功能及运转情况；按照装配工艺规程独立进行部件安装并正确使用量具检测装配几何精度及工作精度，对于较重的部件，在生产主管或他人协助下完成安装，各机械部件装配完成后进行质量分析与方案优化；完成工作现场的整理、设备和工量刃具的维护保养、工作日志的撰写等工作。 在工作过程中，操作人员应严格遵守企业操作规程、常用量具的保养规范、企业质量体系管理制度、安全生产制度、环保管理制度、7S管理规定等。对加工产生的废品，依据《中华人民共和国固体废物污染环境防治法》要求进行集中收集管理，再按《废弃物管理规定》进行处理，维护车间生产安全。	
2	自动送料装置功能部件的装配	某企业接到自动送料装置功能部件的装配任务，生产主管为保证装配质量，延长功能部件使用寿命，考虑采用固定式装配组织形式完成功能部件的装配，保证功能部件关节灵活，抓取力符合性能要求。 操作人员从生产主管处领取任务单，明确工作任务要求，识读功能部件装配图及工艺要求，在生产主管指导下分析功能部件结构的工艺性、装配的技术要求及装配尺寸链，进行准确计算，并制定功能部件装配工艺。依据装配工艺准备相关工量具，按照装配工艺规程独立进行部件装配并正确使用量具检测装配几何精度及工作精度，各功能部件装配完成后进行质量分析与方案优化；完成工作现场的整理、设备和工量刃具的维护保养、工作日志的撰写等工作。 在工作过程中，操作人员应严格遵守企业操作规程、常用量具的保养规范、企业质量体系管理制度、安全生产制度、环保管理制度、7S管理规定等。对加工产生的废品，依据《中华人民共和国固体废物污染环境防治法》要求进行集中收集管理，再按《废弃物管理规定》进行处理，维护车间生产安全。	40
3	自动送料装置手动功能调试	某企业接到自动送料装置功能调试任务，为保证使用性能，生产主管优先安排了手动功能调试任务，要求各部件功能模块在手动调试结束后能够正确识别点位，达到精度要求。 操作人员从生产主管处领取任务单，明确工作任务要求，在生产主管指导下制定手动功能调试工作方案。依据各功能模块使用性能要求，按照调试工作方案，独立进行手动功能调试工作，并针对出现的	40

3	自动送料装置手动功能调试	问题进行故障分析与装配调整；调试完毕，完成工作现场的整理、设备和检测用具的维护保养、工作日志的撰写等工作。 　　在工作过程中，操作人员应严格遵守企业操作规程、常用量具的保养规范、企业质量体系管理制度、安全生产制度、环保管理制度、7S管理规定等，维护车间生产安全。	
4	自动送料装置电气线路安装	某企业接到自动送料装置电气线路的安装任务，要求自动送料装置电气线路安装结束后能正确给电，电压稳定，使用性能达标。 　　操作人员从生产主管处领取任务单，明确工作任务要求，识读电气线路图，熟悉线路的工作原理，明确线路所需电子元器件及作用，在生产主管引导下根据电气线路图或元器件明细表配齐电子元器件，并对元器件进行检测，正确、规范地使用电工工具、测量仪表，按照生产工艺控制要求进行自动送料装置电气线路的安装、调试工作。 　　在工作过程中，操作人员应严格遵守企业操作规程、常用量具的保养规范、企业质量体系管理制度、安全生产制度、环保管理制度、7S管理规定等，维护车间生产安全。	80
5	自动送料装置配电柜安装	某企业接到自动送料装置配电柜的安装任务，要求自动送料装置配电柜安装结束后产品的整体使用性能达标。 　　操作人员从生产主管处领取任务单，明确工作任务，领取安装设备等，收集任务相关资料并进行整理、归纳；按照配电柜安装规范及任务要求制订安装工作计划；设计实施方案，准备工量具，按照实施方案完成安装任务，达到国家标准《机械设备安装工程施工及验收通用规范》（GB 50231—2009）、《电气装置安装工程　盘、柜及二次回路接线施工及验收规范》（GB 50171—2012）的要求；进行检测、调试，并填写检测和调试报告单，最后交付验收。 　　在工作过程中，操作人员应严格遵守企业操作规程、常用量具的保养规范、企业质量体系管理制度、安全生产制度、环保管理制度、7S管理规定等，维护车间生产安全。	40
6	自动送料装置自动功能调试	某企业接到自动送料装置自动功能调试任务，要求自动功能调试结束后产品整体使用性能达标。 　　操作人员从生产主管处领取任务单，明确工作任务，领取自动功能调试所需工量具和设备，收集任务相关资料并进行整理、归纳；按照自动送料装置自动功能调试规范及任务要求，制订调试工作计划；设计调试方案，按照方案完成调试任务并填写检测和调试报告单，最后交付验收。 　　在工作过程中，操作人员应严格遵守企业操作规程、常用量具的保养规范、企业质量体系管理制度、安全生产制度、环保管理制度、7S管理规定等，维护车间生产安全。	50

教学实施建议

1. 教学组织方式与建议

采用行动导向的教学方法。为确保教学安全，增强教学效果，建议采用分组教学的形式（4~5人/组），班级人数不超过30人。在完成工作任务的过程中，教师须加强示范与指导，注重学生规范操作和职业素养的培养。

2. 教学资源配备建议

（1）教学场地

一体化学习工作站必须具备良好的安全、照明和通风条件，可以分为集中教学区、分组教学区、信息检索区、工具存放区和成果展示区，并配备相应的多媒体教学设备等。实习场地面积以可至少同时容纳35人开展教学活动为宜。

（2）工具、量具、材料、设备

工具：活动扳手、压线钳、剥线钳、夹具等。

量具：万用表、兆欧表、百分表、框式水平仪、自准直仪等。

材料：导线、绝缘材料、润滑油、煤油、擦机布等。

设备：吊装设备、压力机等。

（3）教学资料

以工作页为主，配备教材、技术案例、产品说明书、计算机、网络教学资源等。

教学考核要求

采用过程性考核和终结性考核相结合的方式。

1. 过程性考核（70%）

采用自我评价、小组评价和教师评价相结合的方式进行考核；学生应学会自我评价，教师要观察学生的学习过程，结合学生的自我评价、小组评价进行总评并提出改进建议。

（1）课堂考核：考核出勤、学习态度、课堂纪律、小组合作与展示等情况。

（2）作业考核：考核工作页的完成、成果展示、课后练习等情况。

（3）阶段考核：书面测试、实操测试、口述测试。

2. 终结性考核（30%）

用与参考性学习任务难度相近的机电设备装配与调试工作任务为载体，采用书面测试和实操测试相结合的方式进行考核，学生根据情境描述中的要求，独立完成机电设备装配与调试，并达到任务要求。

考核任务案例：某产品自动送料装置的装配与调试。

【情境描述】

企业接到某产品自动送料装置的装配与调试订单。现要求利用现有设备，按操作规范完成该自动送料装置机械部分的装配与调试、电气部分的装配与调试。

【任务要求】

（1）分析任务单，明确工作任务要求；

（2）准确制定工艺流程；

（3）正确、规范地完成机械部分的装配与调试；

（4）正确、规范地完成电气部分的装配与调试；

（5）正确、规范地完成整机机电联调；

（6）正确、规范地完成通电校验。

【参考资料】

完成上述工作任务过程中，可以阅读产品说明书、维修电工手册、电气安全手册、电气设备使用手册、工作页、教材等。

（六）液压与气动系统装调与维护课程标准

工学一体化课程名称	液压与气动系统装调与维护	基准学时	300

典型工作任务描述

液压与气动系统装调与维护是按照液压与气动系统装配图、相关国家技术标准，完成机械设备中液压与气动系统的装配、调试、维护的过程。

技术人员从生产主管处接受液压与气动系统装调与维护任务单，根据任务要求制订工作计划，正确选择和使用工量具和设备，按照工作任务、图样和工艺文件要求完成液压与气压系统的装配、调试、维护，达到验收要求。填写任务交接单，交付生产主管审核。按照7S管理规定整理、整顿工作现场，维护保养设备和工量具，归还领取的工具、技术资料等，并填写工作日志。

工作过程中严格遵守企业操作规程、常用量具的保养规范、企业质量体系管理制度、安全生产制度、环保管理制度、7S管理规定等。

工作内容分析

工作对象：	工具、量具、材料、设备与资料：	工作要求：
1. 液压与气动系统装调与维护任务单的阅读与分析； 2. 制订工作计划与工作方案； 3. 准备所需的元器件、工量具； 4. 检查设备，保证其可靠性和安全性； 5. 根据技术资料要求与系统装配图，将各个元器件按照相应位置进行组装，然后进行管道的分布、连接、固定、焊接，完成安装工作；	1. 工具：活动扳手、内六角扳手等； 2. 量具：流量检测仪、压力表等； 3. 材料：补接测试管路、液压元器件、液压管道、气管、管接头、密封圈、过滤器、液压油等； 4. 设备：空气压缩机等； 5. 资料：液压与气动系统工作手册、安全操作规程等。 **工作方法：** 1. 识读和绘制液压与气动系统装配图的方法； 2. 查阅资料的方法； 3. 选择和使用液压元器件、液压管道、气管、管接头等材料的方法； 4. 选择和使用流量检测仪、压力表等测	1. 分析任务单，明确设备基本情况、工作内容、工期等； 2. 与设备主管等相关人员进行专业沟通，记录关键内容； 3. 查阅设备检修记录； 4. 分析工作中存在问题，收集相关资料，制定工作方案； 5. 工作过程中严格遵守安全生产制度、环保管理制度及7S管理规定，完成装调与维护工作； 6. 对已完成的工作进行记录、反馈和存档。

6. 安装完成后需要对设备进行相应调试，通过空载、负载运行检测系统的可靠性和安全性，判断是否达到相应的技术指标； 7. 调试完成之后，与设备管理人员进行沟通交流，试运行设备，排除设备存在的问题和隐患，保证设备正常运行且安全可靠。	量仪器的方法； 5. 制订工作计划的方法。 **劳动组织方式：** 1. 以个人或小组合作形式完成工作任务； 2. 从生产主管处领取工作任务； 3. 与其他部门有效沟通、协调，创造工作条件； 4. 与组员有效沟通，合作完成液压与气动系统装调与维护工作任务； 5. 从仓库领取工具和材料等； 6. 完工自检后交付生产主管验收。	

课程目标

学习完本课程后，学生应当能胜任液压与气动系统装调与维护工作，包括：

1. 能独立阅读分析任务单，明确工作要求和流程，清楚分工和自己的责任。

2. 能正确准备并规范使用所需的元器件和工量具等。

3. 能正确、规范地对液压与气动系统进行装调与维护，并能做好相关工作记录。

4. 能按照安全文明生产规定工作，并排查工作过程中的安全隐患。

5. 能正确、规范地填写任务评价表，总结任务完成过程，以工作报告的形式交生产主管审阅。

6. 能归纳总结液压与气动系统安装与调试方法要点、技术技巧、设备故障排除方法和注意事项，能总结工作经验，分析不足，提出改进措施。

学习内容

本课程的主要学习内容：

一、任务单的阅读分析及资料的查阅

实践知识：任务单的阅读分析；技术文件的查阅与整理。

理论知识：液压与气动系统装调与维护所用工量具、元器件的规格、型号；液压与气动系统装配图的基本内容和技术要求；液压与气动系统操作安全基本要求。

二、液压与气动系统装调与维护计划的制订，液压与气动系统装调与维护方案的制定

实践知识：液压与气动系统装调与维护计划的制订；液压与气动系统装调与维护方案的制定；工量具、元器件清单的制作；工量具、元器件的质量性能检测；设备的安全检测。

理论知识：液压与气动系统装调与维护计划的制订方法；液压与气动系统装调与维护的基本原则、工作流程；设备的基本安全标准要求。

三、液压与气动系统装调与维护方案的审核确认

实践知识：方案的合理性判断；方案的优化。

理论知识：方案的合理性判断方法；方案的优化方法；液压与气动系统的安全性和可靠性原则；液压与气动系统的运行标准要求。

四、液压与气动系统装调与维护的实施

实践知识：按照工作计划、方案对液压与气动系统进行装调与维护；检测安装部件的几何精度和工作精度；检测系统运行的可靠性、安全性、准确性；工作质量分析与方案优化。

理论知识：液压与气动系统空载和负载运行的检测方法；安装部件的几何精度和工作精度的检测方法；液压与气动系统运行可靠性、安全性、准确性的检测方法；液压与气动系统检测的技术指标要求和内容；工作质量分析与方案优化方法。

五、液压与气动系统安全、质量的定期检查

实践知识：常用检测工量具的使用和保养；工作环境的安全检测；施工现场的整理。

理论知识：常用检测工量具的使用和保养方法；工作环境的安全检测方法；施工现场的整理方法。

六、液压与气动系统正常运行的评估

实践知识：液压与气动系统正常运行基本参数的记录；工作日志的撰写、整理、存档。

理论知识：液压与气动系统正常运行基本参数的记录要求与方法；工作日志的撰写、整理、存档要求与方法。

七、通用能力、职业素养、思政素养

自主学习、自我管理、信息检索、理解与表达、交往与合作、创新思维、解决问题等通用能力，安全意识、质量意识、规范意识、效率意识、成本意识、环保意识、市场意识、服务意识等职业素养，以及劳模精神、劳动精神、工匠精神等思政素养。

参考性学习任务

序号	名称	学习任务描述	参考学时
1	工业液压泵站的安装与调试	某企业机械设备生产控制系统需要完成工业液压泵站的安装与调试工作，保证机械设备生产控制系统的正常运行。 操作人员从生产主管处接受工作任务，领取任务单、工艺卡、技术文件；分析任务单和图样，查阅资料，制订工业液压泵站的安装与调试工作计划；准备工量具和元器件，检查其规格、型号、质量是否符合技术要求，检查工作环境的可靠性和安全性；按照工作计划和工艺方案进行工业液压泵站的安装，正确使用量具检测安装部件装配几何精度及工作精度，对于较重的部件在生产主管或他人协助下完成安装；安装完成后进行相应调试，通过空载、负载运行检测设备的可靠性和安全性，排除设备存在的问题和隐患，保证达到相应的技术指标；安装与调试完成后进行质量分析与方案优化；最后完成工作现场的整理、设备和工量具的维护保养、工作日志的撰写等工作。 在工作过程中，操作人员应严格遵守企业操作规程、常用量具的保养规范、企业质量体系管理制度、安全生产制度、环保管理制度、7S管理规定等。对加工产生的废品，依据《中华人民共和国固体废物污染环境防治法》要求进行集中收集管理，再按《废弃物管理规定》进行处理，维护车间生产安全。	120

| 2 | 液压控制系统的安装与调试 | 某企业机械设备生产控制系统需要完成液压控制系统的安装与调试工作，保证机械设备生产控制系统的正常运行。

操作人员从生产主管处接受工作任务，领取任务单、工艺卡、技术文件；分析任务单和图样，查阅资料，制订液压控制系统的安装与调试工作计划；准备工量具和元器件，检查其规格、型号、质量是否符合技术要求，检查工作环境的可靠性和安全性；按照工作计划和工艺方案进行液压控制系统的安装，正确使用量具检测安装部件装配几何精度及工作精度，对于较重的部件在生产主管或他人协助下完成安装；安装完成后进行相应调试，通过空载、负载运行检测设备的可靠性和安全性，排除设备存在的问题和隐患，保证达到相应的技术指标；安装与调试完成后进行质量分析与方案优化；最后完成工作现场的整理、设备和工量具的维护保养、工作日志的撰写等工作。

在工作过程中，操作人员应严格遵守企业操作规程、常用量具的保养规范、企业质量体系管理制度、安全生产制度、环保管理制度、7S 管理规定等。对加工产生的废品，依据《中华人民共和国固体废物污染环境防治法》要求进行集中收集管理，再按《废弃物管理规定》进行处理，维护车间生产安全。 | 100 |
| 3 | 气动系统的安装与调试 | 某企业机械设备生产控制系统需要完成气动系统的安装与调试工作，保证机械设备生产控制系统的正常运行。

操作人员从生产主管处接受工作任务，领取任务单、工艺卡、技术文件；分析任务单和图样，查阅资料，制订气动系统的安装与调试工作计划；准备工量具和元器件，检查其规格、型号、质量是否符合技术要求，检查工作环境的可靠性和安全性；按照工作计划和工艺方案进行气动系统的安装，正确使用量具检测安装部件装配几何精度及工作精度，对于较重的部件在生产主管或他人协助下完成安装；安装完成后进行相应调试，通过空载、负载运行检测设备的可靠性和安全性，排除设备存在的问题和隐患，保证达到相应的技术指标；安装与调试完成后进行质量分析与方案优化；最后完成工作现场的整理、设备和工量具的维护保养、工作日志的撰写等工作。

在工作过程中，操作人员应严格遵守企业操作规程、常用量具的保养规范、企业质量体系管理制度、安全生产制度、环保管理制度、7S 管理规定等。对加工产生的废品，依据《中华人民共和国固体废物污染环境防治法》要求进行集中收集管理，再按《废弃物管理规定》进行处理，维护车间生产安全。 | 50 |

| 4 | 液压与气动系统的整机装调与维护 | 某企业机械设备生产控制系统需要完成液压与气动系统的整机装调与维护工作，保证机械设备生产控制系统的正常运行。

操作人员从生产主管处接受工作任务，领取任务单、工艺卡、技术文件；分析任务单和图样，查阅资料，制订液压与气动系统的整机装调与维护工作计划；准备工量具和元器件，检查其规格、型号、质量是否符合技术要求，检查工作环境的可靠性和安全性；按照工作计划和工艺方案进行整机的安装，正确使用量具检测装配几何精度及工作精度，对于较重的部件在生产主管或他人协助下完成安装；安装完成后进行相应调试，通过空载、负载运行检测设备的可靠性和安全性，排除设备存在的问题和隐患，保证达到相应的技术指标；装调与维护完成后进行质量分析与方案优化；最后完成工作现场的整理、设备和工量具的维护保养、工作日志的撰写等工作。

在工作过程中，操作人员应严格遵守企业操作规程、常用量具的保养规范、企业质量体系管理制度、安全生产制度、环保管理制度、7S 管理规定等。对加工产生的废品，依据《中华人民共和国固体废物污染环境防治法》要求进行集中收集管理，再按《废弃物管理规定》进行处理，维护车间生产安全。 | 30 |

教学实施建议

1. 教学组织方式与建议

采用行动导向的教学方法。为确保教学安全，增强教学效果，建议采用分组教学的形式（4~5 人/组），班级人数不超过 30 人。在完成工作任务的过程中，教师须加强示范与指导，注重学生规范操作和职业素养的培养。

2. 教学资源配备建议

（1）教学场地

一体化学习工作站必须具备良好的安全、照明和通风条件，可以分为集中教学区、分组教学区、信息检索区、工具存放区和成果展示区，并配备相应的多媒体教学设备等。实习场地面积以可至少同时容纳 35 人开展教学活动为宜。

（2）工具、量具、材料、设备

工具：活动扳手、内六角扳手等。

量具：流量检测仪、压力表等。

材料：补接测试管路、液压元器件、液压管道、气管、管接头、密封圈、过滤器、液压油等。

设备：空气压缩机等。

（3）教学资料

工作页、教材、液压与气动系统工作手册、工具书、网络教学资源等。

教学考核要求

采用过程性考核和终结性考核相结合的方式。

1. 过程性考核（70%）

采用自我评价、小组评价和教师评价相结合的方式进行考核；学生应学会自我评价，教师要观察学生的学习过程，结合学生的自我评价、小组评价进行总评并提出改进建议。

（1）课堂考核：考核出勤、学习态度、课堂纪律、小组合作与展示等情况。

（2）作业考核：考核工作页的完成、成果展示、课后练习等情况。

（3）阶段考核：书面测试、实操测试、口述测试。以液压泵的组装与连接、液压缸的组装与连接、液压元器件的选择与组装、系统调试、安全操作规程为主要考核点。

2. 终结性考核（30%）

用与参考性学习任务难度相近的液压与气动系统装调与维护工作任务为载体，采用书面测试和实操测试相结合的方式进行考核，学生根据情境描述中的要求，在规定时间内完成液压与气动系统装调与维护，并达到任务要求。

考核任务案例：某型号工业液压泵站的装调与维护。

【情境描述】

企业接到某型号工业液压泵站的装调与维护订单。现要求利用现有设备，按操作规范完成该工业液压泵站的装调与维护，保证系统正常运行。

【任务要求】

（1）分析任务单，明确工作任务要求。

（2）制定正确的工艺流程。

（3）正确、规范地安装液压元器件与管路。

（4）正确、规范地连接电气线路。

（5）完成液压控制系统的空载调试。

（6）完成液压控制系统的负载调试。

（7）遵守安全操作规程。

（8）完成校验。

【参考资料】

完成上述工作任务过程中，可以阅读产品说明书、液压与气动系统工作手册、工作页、教材等。

（七）通用设备机械故障诊断与排除课程标准

工学一体化课程名称	通用设备机械故障诊断与排除	基准学时	200
典型工作任务描述			

通用设备机械故障诊断与排除是指采用常规故障诊断的思路、方法进行诊断，确定故障点，通过对设备机械部分检测、维修、更换等作业方式实现设备正常运行。

设备机械部分随着运行时间的增加或由于使用、维修不当等，可能出现异响、温度过高、加工精度超差、动作错误等机械故障。为恢复其正常工作性能，需对设备机械部分进行检修。

维修人员从设备主管或生产主管处接受设备检修工作任务，阅读维修任务单，明确工作任务要求；确认设备机械部分故障现象并实施基本检查，通过查阅设备机械部分说明书、维修手册、技术通报、维修案例等资料，初步判断疑似故障点部位；根据疑似故障点部位，采用各种检测工具对设备机械部分进行综合检测，甚至需要对可疑故障部位进行拆检，记录并分析检测数据，确定故障点；制定经济、合理的维修方案，实施维修作业排除故障；故障排除后对设备机械部分进行试运行，并检验机床各项性能指标，记录各项检验数据；试运行合格后交付设备主管或生产主管进行质量检验。

工作过程中，维修人员应严格遵守企业操作规程、企业内部检验规范、安全生产制度、环保管理制度以及7S管理规定。

工作内容分析		
工作对象： 1. 获取故障诊断与排除工作任务； 2. 查询设备维修记录及相关技术资料； 3. 初步判断疑似故障点； 4. 对疑似故障点进行检测； 5. 明确故障原因； 6. 制定维修方案； 7. 排除故障； 8. 试运行前准备； 9. 试运行； 10. 记录检验结果，做合格标记； 11. 交付验收； 12. 按照7S管理规定整理、整顿工作现场。	**工具、量具、材料、设备与资料：** 1. 工具：活动扳手、内六角扳手、呆扳手、梅花扳手、钢丝钳、卡簧钳、锤子、铜棒、旋具、轴承拉马、锉刀、丝锥、板牙、毛刷等； 2. 量具：游标卡尺、外径千分尺、游标深度卡尺、游标万能角度尺、直角尺、百分表等； 3. 材料：清洗剂、润滑油、物料盒等； 4. 设备：立式钻床、CA6140型普通车床、CK6150型数控车床、T68型镗床等； 5. 资料：设备维修记录、设备结构图、设备传动原理图等。 **工作方法：** 1. 识读并分析任务单的方法； 2. 查询资料获取设备相关技术信息的方法； 3. 故障的初步判断方法； 4. 零件的拆卸、装配及调整方法； 5. 试运行方法。 **劳动组织方式：** 1. 从生产主管处领取任务单；	**工作要求：** 1. 接受工作任务，明确工作任务要求； 2. 查询设备维修记录及相关技术资料（设备结构图、设备传动原理图等）； 3. 与设备操作人员沟通，明确故障现象； 4. 采用耳听声音、手摸温度、眼观动作的检测方法，初步判断设备疑似故障点； 5. 分析设备结构图及传动原理图，明确设备的动作原理及动作关系； 6. 选择合适的检测方法对疑似故障点进行检测，并记录检测结果，确定故障原因； 7. 根据故障原因制定维修方案； 8. 按照维修方案排除故障； 9. 拆卸零件时做好标记； 10. 维修作业完成后，进行试运行准备工作，如通水、通电、通气等； 11. 试运行，根据设备各项检验指标要求检验设备性能，并记录检验数据； 12. 自检合格后，交付生产主管验收； 13. 对已完成的工作进行记录、反馈和存档； 14. 工作过程中严格执行安全生产制度、环保管理制度及7S管理规定。

| 2. 现场查看设备故障状况，与设备操作人员进行必要的沟通；

3. 2~3人配合进行设备机械部分的拆卸、修理、装配与调整，完成故障排除；

4. 交付生产主管验收，做好工作记录。 | |

课程目标

学习完本课程后，学生应当能胜任通用设备机械故障诊断与排除工作，包括：

1. 能阅读维修任务单，确认设备状况并记录相关信息，明确通用设备机械故障诊断与排除工作内容和要求。

2. 能与设备操作人员进行故障现象的准确沟通。

3. 能识读设备说明书，分析设备的工作原理及传动关系。

4. 能根据设备故障现象（声音、温度及动作是否正常等），结合设备工作原理及传动关系分析故障原因。

5. 能根据设备疑似故障原因选择合适的检测工具及拆卸工具。

6. 能正确、规范地使用检测工具、拆卸工具对疑似故障点进行检测和拆卸。

7. 能根据检测结果确定故障原因并制定维修方案。

8. 能根据维修方案准备维修所需工具、量具及辅具。

9. 能根据维修方案、维修作业流程及规范等，在规定时间内完成检测、维修，并填写检修记录表。

10. 能规范使用各类工具对损坏的部件进行拆卸、清理、修理、更换。

11. 能根据设备试运行前的要求进行试运行前的各项指标检查工作。

12. 能根据设备试运行的步骤及要求进行试运行，并及时、有效地处理现场突发事件。

13. 能运用检测工具检测设备运行的各项指标，并对指标进行记录、评价、反馈和存档。

14. 能在完成工作后，按照7S管理规定、废弃物管理规定及常用量具的保养规范，完成工作现场的整理、工量具的维护保养、工作日志的撰写等工作。

15. 能对工作过程的资料进行收集、整合，利用多媒体设备和专业术语展示和表达工作成果。

学习内容

本课程的主要学习内容包括：

一、明确工作任务要求和工作内容

实践知识：任务单的阅读与分析；通用设备机械故障诊断与排除工作流程的制定；施工场地的安全防护。

理论知识：通用设备的名称、规格、型号、用途；通用设备机械故障诊断与排除工作流程的制定方法。

二、通用设备结构及工作原理分析

实践知识：设备结构图分析；设备传动原理图分析；设备说明书、设备维修记录查阅。

理论知识：设备结构；设备工作原理及传动关系；设备常见机械故障。

三、故障诊断

实践知识：与设备操作人员沟通，明确故障现象；故障点分析与诊断；常见故障诊断工具的维护与保养。

理论知识：常见机械故障的检测、诊断方法；常见故障诊断工具的维护与保养方法。

四、故障排除

实践知识：维修方案制定；通用设备机械故障排除工作准备；通用设备机械故障排除；通用设备机械故障排除自检测试；通用设备机械故障排除测试结果的记录与验收报告的填写。

理论知识：维修方案内容与制定方法；通用设备机械故障排除方法；通用设备机械故障排除工作流程及操作要点；通用设备机械故障排除工具的使用和维护保养方法；通用设备机械结构拆卸方法及操作要点；通用设备机械结构装配方法及操作要点。

五、检验并交付验收

实践知识：通用设备试运行的安全防护；通用设备试运行检测与验收；通用设备试运行检测结果记录与验收报告填写；工作现场废弃物处理。

理论知识：通用设备试运行的安全防护方法；通用设备试运行检测与验收的方法；验收报告填写内容和要求；工作现场废弃物处理方法。

六、总结与评价

实践知识：通用设备维修记录的撰写；通用设备机械故障产生原因的分析；通用设备机械故障预防措施的提出；通用设备机械故障诊断与排除总结报告的撰写。

理论知识：通用设备机械故障产生原因；通用设备机械故障预防措施。

七、通用能力、职业素养、思政素养

自主学习、自我管理、信息检索、理解与表达、交往与合作、创新思维、解决问题等通用能力，安全意识、质量意识、规范意识、效率意识、成本意识、环保意识、市场意识、服务意识等职业素养，以及劳模精神、劳动精神、工匠精神等思政素养。

参考性学习任务			
序号	名称	学习任务描述	参考学时
1	立式钻床机械故障的诊断与排除	某企业一台普通立式钻床在生产过程中突发机械故障。现生产主管将立式钻床机械故障的诊断与排除工作任务交给设备维修小组。 维修人员根据维修任务单，查阅钻床故障维修记录及相关技术资料，与操作人员进行必要的沟通以确定故障现象；分析钻床结构及工作原理，初步预判故障点，针对预判故障点应用相应检测工具及拆卸工具进行故障确认；制定维修方案，实施维修作业；在完成维修作业后，试运行钻床，对钻床各项性能指标进行检验，检验合格后交付生产主管验收，并填写钻床维修记录。	40

1	立式钻床机械故障的诊断与排除	工作过程中，初步排查故障时，采用耳听声音、手摸温度、眼观动作的检测方法初步判断疑似故障点；拆卸作业时，应做好标记，以防错装、误装或漏装；更换零部件时，应注意对新零部件进行必要的检测；试运行时，应遵循从低速到高速、从低压到高压的运行原则；严格遵守企业操作规程、企业质量体系管理制度、安全生产制度、环保管理制度、7S 管理规定等，切实维护车间生产安全。	
2	CA6140 型车床机械故障的诊断与排除	某企业一台 CA6140 型车床在生产过程中突发机械故障。现生产主管将 CA6140 型车床机械故障的诊断与排除工作任务交给设备维修小组。 维修人员根据维修任务单，查阅车床故障维修记录及相关技术资料，与操作人员进行必要的沟通以确定故障现象；分析车床结构及工作原理，初步预判故障点，针对预判故障点应用相应检测工具及拆卸工具进行故障确认；制定维修方案，实施维修作业；在完成维修作业后，试运行车床，对车床各项性能指标进行检验，检验合格后交付生产主管验收，并填写车床维修记录。 工作过程中，初步排查故障时，采用耳听声音、手摸温度、眼观动作的检测方法初步判断疑似故障点；拆卸作业时，应做好标记，以防错装、误装或漏装；更换零部件时，应注意对新零部件进行必要的检测；试运行时，应遵循从低速到高速、从低压到高压的运行原则；严格遵守企业操作规程、企业质量体系管理制度、安全生产制度、环保管理制度、7S 管理规定等，切实维护车间生产安全。	60
3	T68 型镗床机械故障的诊断与排除	某企业一台 T68 型镗床在生产过程中突发机械故障。现生产主管将 T68 型镗床机械故障的诊断与排除工作任务交给设备维修小组。 维修人员根据维修任务单，查阅镗床故障维修记录及相关技术资料，与操作人员进行必要的沟通以确定故障现象；分析镗床结构及工作原理，初步预判故障点，针对预判故障点应用相应检测工具及拆卸工具进行故障确认；制定维修方案，实施维修作业；在完成维修作业后，试运行镗床，对镗床各项性能指标进行检验，检验合格后交付生产主管验收，并填写镗床维修记录。 工作过程中，初步排查故障时，采用耳听声音、手摸温度、眼观动作的检测方法初步判断疑似故障点；拆卸作业时，应做好标记，以防错装、误装或漏装；更换零部件时，应注意对新零部件进行必要的检测；试运行时，应遵循从低速到高速、从低压到高压的运行原则；严格遵守企业操作规程、企业质量体系管理制度、安全生产制度、环保管理制度、7S 管理规定等，切实维护车间生产安全。	60

| 4 | CK6150 型数控车床机械故障的诊断与排除 | 某企业一台 CK6150 型数控车床在生产过程中突发机械故障。现生产主管将 CK6150 型数控车床机械故障的诊断与排除工作任务交给设备维修小组。

维修人员根据维修任务单，查阅数控车床故障维修记录及相关技术资料，与操作人员进行必要的沟通以确定故障现象；分析数控车床结构及工作原理，初步预判故障点，针对预判故障点应用相应检测工具及拆卸工具进行故障确认；制定维修方案，实施维修作业；在完成维修作业后，试运行数控车床，对数控车床各项性能指标进行检验，检验合格后交付生产主管验收，并填写数控车床维修记录。

工作过程中，初步排查故障时，采用耳听声音、手摸温度、眼观动作的检测方法初步判断疑似故障点；拆卸作业时，应做好标记，以防错装、误装或漏装；更换零部件时，应注意对新零部件进行必要的检测；试运行时，应遵循从低速到高速、从低压到高压的运行原则；严格遵守企业操作规程、企业质量体系管理制度、安全生产制度、环保管理制度、7S 管理规定等，切实维护车间生产安全。 | 40 |

教学实施建议

1. 教学组织方式与建议

采用行动导向的教学方法。为确保教学安全，增强教学效果，建议采用分组教学的形式（4~5 人 / 组），班级人数不超过 30 人。在完成工作任务的过程中，教师须加强示范与指导，注重学生规范操作和职业素养的培养。

2. 教学资源配备建议

（1）教学场地

一体化学习工作站必须具备良好的安全、照明和通风条件，可以分为集中教学区、分组教学区、信息检索区、工具存放区和成果展示区，并配备相应的多媒体教学设备等。实习场地面积以可至少同时容纳 35 人开展教学活动为宜。

（2）工具、量具、材料、设备

工具：活动扳手、内六角扳手、呆扳手、梅花扳手、钢丝钳、卡簧钳、锤子、铜棒、旋具、轴承拉马、锉刀、丝锥、板牙、毛刷等。

量具：游标卡尺、外径千分尺、游标深度卡尺、游标万能角度尺、直角尺、百分表等。

材料：清洗剂、润滑油、物料盒等。

设备：立式钻床、CA6140 型普通车床、CK6150 型数控车床、T68 型镗床等。

（3）教学资料

工作页、教材、机械设计手册、工具书、网络教学资源、机床说明书等。

教学考核要求

采用过程性考核和终结性考核相结合的方式。

1. 过程性考核（70%）

采用自我评价、小组评价和教师评价相结合的方式进行考核；学生应学会自我评价，教师要观察学生的学习过程，结合学生的自我评价、小组评价进行总评并提出改进建议。

（1）课堂考核：考核出勤、学习态度、课堂纪律、小组合作与展示等情况。

（2）作业考核：考核工作页的完成、成果展示、课后练习等情况。

（3）阶段考核：书面测试、实操测试、口述测试。

2. 终结性考核（30%）

用与参考性学习任务难度相近的通用设备机械故障诊断与排除工作任务为载体，采用书面测试和实操测试相结合的方式进行考核，学生根据情境描述中的要求，遵循通用设备机械故障诊断与排除工作流程，安全、规范地完成工作任务，并达到任务要求。

考核任务案例：CA6140型车床机械故障的诊断与排除。

【情境描述】

某企业一台CA6140型车床在生产过程中突发机械故障，现要求维修人员在最短的时间内诊断故障原因，制定维修方案，排除故障。

【任务要求】

（1）查询车床维修记录及相关技术资料，分析车床工作原理，初步判断疑似故障点。

（2）选择合适的检测方法及工具检测疑似故障点，明确故障原因。

（3）制定维修方案，填写维修作业指导书。

（4）根据维修作业指导书的要求排除故障。

（5）试运行，检验维修结果。

（6）填写车床维修记录。

（7）按照7S管理规定整理、整顿工作现场。

【参考资料】

完成上述工作任务过程中，可以查阅工作页、教材、机械设计手册、工具书、网络教学资源、CA6140型车床说明书等。

（八）通用设备电气故障诊断与排除课程标准

工学一体化课程名称	通用设备电气故障诊断与排除	基准学时	300

典型工作任务描述

通用设备电气故障诊断与排除是指采用常规故障诊断的思路、方法进行诊断，确定故障点，通过对设备电气部分检测、维修、更换等作业方式实现设备正常运行。

维修人员从设备主管或生产主管处接受设备检修工作任务，阅读维修任务单，明确工作任务要求；根据任务单从生产主管处领取设备技术资料和电气故障诊断工具；收集故障信息，确认故障现象；分析故障因素，判断故障范围，制订维修计划；进行故障诊断，找出故障点，制定维修方案，明确维修进度、质量要求；领取维修所需元器件等，实施维修；检测维修效果，正常通电后，操作设备验证各功能无误后填写维修报告单，交付生产主管验收；整理工作现场，归还工具、仪器、剩余物料、技术资料等。

工作过程中，维修人员应严格遵守电气安装规程、企业操作规程、企业内部检验规范、企业质量体系管理制度、安全生产制度、环保管理制度以及 7S 管理规定等。

工作内容分析

工作对象：	工具、量具、材料、设备与资料：	工作要求：
1. 接受维修任务单，明确工作任务要求； 2. 领取设备的技术资料和故障诊断工具； 3. 收集故障信息，现场勘察，确认故障现象； 4. 根据故障现象分析造成故障的因素，判断故障范围，制订维修计划； 5. 使用检测工具逐一排除故障因素，找到故障点，制定维修方案； 6. 列出维修物料清单，根据物料清单领取所需工具、元器件及材料，检查元器件的规格、型号、数量、质量； 7. 正确、规范地排除电气故障； 8. 检查电气线路是否正确，确认无误后对设备进行故障排除确认； 9. 正常通电后，操作设备各指令开关测试设备功能是否正常，自检合格后交付生产主管验收； 10. 整理工作现场，归还工具、仪器、剩余物料、技术资料等。	1. 工具：旋具、斜口钳、剥线钳、压线钳等； 2. 量具：万用表等； 3. 材料：线材、电子元器件、冷压端子、配电盘、电缆盘、号码管、扎带等； 4. 设备：电钻、打号机等； 5. 资料：电气原理图、电气接线图、电子元器件布置图、电气安装规程（国标）、设备通电检查规程等。 **工作方法：** 1. 识读设备电气原理图的方法； 2. 万用表的使用方法； 3. 电气故障的分析方法； 4. 电气故障的断电检查方法； 5. 电气故障的通电检查方法； 6. 电气线路的连接方法； 7. 电子元器件的检查方法； 8. 电气故障的排除方法； 9. 电气故障排除后的检查方法； 10. 设备电气功能调试的方法。 **劳动组织方式：** 1. 从生产主管处接受工作任务； 2. 与其他部门有效沟通、协调完成准备工作； 3. 独立完成设备电气故障诊断与排除； 4. 工作完成后交付生产主管进行验收。	1. 根据维修任务单，明确任务内容和要求； 2. 正确使用电气工具和仪器仪表等； 3. 按各类电子元器件的国家质量管理标准进行质量检测； 4. 收集故障信息，通过现场勘察确认故障现象； 5. 根据故障现象，分析造成故障的因素，制订维修计划； 6. 使用检测设备逐一排除故障因素，找到故障点，根据诊断结果制定维修方案； 7. 正确、规范地完成电气故障的排除； 8. 正确使用检测工具检查电气线路，确认排除故障； 9. 按照设备通电检查规程进行通电检查； 10. 根据 7S 管理规定归置物品，清点并归还工具、剩余材料，清理垃圾。

课程目标

学习完本课程后，学生应当能胜任通用设备电气故障诊断与排除工作，包括：

1. 能读懂维修任务单，与生产主管等相关人员进行专业沟通，明确工作目标、内容与要求。

2. 能进行故障的现场勘察，收集故障信息，确认故障现象。

3. 能识读电气原理图等技术资料，与相关人员进行专业沟通，根据故障现象分析造成故障的因素，判断故障范围，制订维修计划。

4. 能正确使用检测设备进行断电检查和通电检查，逐一排除故障因素，找到故障点，根据诊断结果制定维修方案。

5. 能根据维修方案列出维修物料清单，领取所需工具、元器件及材料，并检查元器件的规格、型号、数量、质量。

6. 能正确排除电气故障，并检查电气线路，保证电气线路无误。

7. 能在正常通电后，操作设备各指令开关测试设备功能是否正常。

8. 能正确、规范地整理工作现场，归还工具、仪器、剩余物料、技术资料等。

9. 能归纳、总结典型电气故障的诊断与排除方法、技术技巧和注意事项。能总结工作经验，分析不足，提出改进措施。

学习内容

本课程的主要学习内容包括：

一、明确工作任务要求和工作内容

实践知识：任务单的阅读与分析；通用设备电气故障诊断与排除工作流程的制定；施工场地的安全防护。

理论知识：通用设备的名称、规格、型号、用途；通用设备电气故障诊断与排除工作流程的制定方法等。

二、现场勘察

实践知识：电气故障现象的现场勘察和记录；设备运行和电气故障记录的查阅。

理论知识：电气故障现场的现象勘察方法；电气故障信息收集与整理的要求和方法。

三、维修前的准备

实践知识：设备技术资料的领取；电工工具、材料等的领取；故障范围的确认；设备维修计划的制订。

理论知识：电气故障的类型及特征；设备维修计划的制订方法。

四、设备电气故障诊断与排除实施

实践知识：电气原理图等技术资料的识读；万用表的使用；电工工具的使用；电子元器件的检查；设备的断电检查和通电检查；设备电气故障的排查及诊断；设备电气故障的排除，包括故障电子元器件及电气耗材的维修与更换等。

理论知识：识读电气原理图的方法；万用表的使用方法；电工工具的使用方法；电子元器件的检查方法；设备的断电检查方法和通电检查方法；设备电气故障的诊断与排除流程；故障电子元器件及电气耗材的维修与更换原则；典型电气故障预防措施。

五、通电调试并交付验收

实践知识：设备的依次上电；操作设备各指令开关完成设备电气功能调试；设备各功能状态的记录；工具、仪器、剩余物料、技术资料等的归还。

理论知识：设备上电步骤；设备电气功能调试的方法；设备功能验收技术指标。

六、总结与评价

实践知识：工作现场的整理；通用设备典型电气故障的诊断与排除记录的撰写；通用设备电气故障产生原因的分析；通用设备电气故障预防措施的提出；通用设备电气故障诊断与排除总结报告的撰写。

理论知识：工作现场的整理方法；通用设备典型电气故障的诊断与排除方法；通用设备电气故障产生原因；通用设备电气故障预防措施。

七、通用能力、职业素养、思政素养

自主学习、自我管理、信息检索、理解与表达、交往与合作、创新思维、解决问题等通用能力，安全意识、质量意识、规范意识、效率意识、成本意识、环保意识、市场意识、服务意识等职业素养，以及劳模精神、劳动精神、工匠精神等思政素养。

参考性学习任务

序号	名称	学习任务描述	参考学时
1	机械设备电气故障诊断与排除	某企业 5 台机床出现了电气故障，要求维修小组在 18 天的时间内完成故障诊断与排除，恢复机床的正常功能。 维修人员从生产主管处接受维修任务单，阅读维修任务单，明确工作任务要求；领取机床技术资料和故障诊断工具，进行现场勘察，确认故障现象；分析故障因素，制订维修计划；找到故障点，制定维修方案；排除电气故障，并通电调试，检查无误后，交付生产主管验收；归还工具、仪器、剩余物料和技术资料等。 在工作过程中，维修人员应严格遵守企业操作规程、企业质量体系管理制度、安全生产制度、环保管理制度、7S 管理规定等。对加工产生的废品，依据《中华人民共和国固体废物污染环境防治法》要求进行集中收集管理，再按《废弃物管理规定》进行处理，维护车间生产安全。	100
2	自动化控制设备电气故障诊断与排除	某企业 2 台物料传送站出现了电气故障，要求维修小组在 35 天的时间内完成故障诊断与排除，恢复物料传送站的正常功能。 维修人员从生产主管处接受维修任务单，阅读维修任务单，明确工作任务要求；领取物料传送站技术资料和故障诊断工具，进行现场勘察，确认故障现象；分析故障因素，制订维修计划；找到故障点，制定维修方案；排除电气故障，并通电调试，检查无误后，交付生产主管验收；归还工具、仪器、剩余物料和技术资料等。	200

2	自动化控制设备电气故障诊断与排除	在工作过程中，维修人员应严格遵守企业操作规程、企业质量体系管理制度、安全生产制度、环保管理制度、7S管理规定等。对加工产生的废品，依据《中华人民共和国固体废物污染环境防治法》要求进行集中收集管理，再按《废弃物管理规定》进行处理，维护车间生产安全。	

教学实施建议

1. 教学组织方式与建议

采用行动导向的教学方法。为确保教学安全，增强教学效果，建议采用分组教学的形式（4~5人/组），班级人数不超过30人。在完成工作任务的过程中，教师须加强示范与指导，注重学生规范操作和职业素养的培养。

2. 教学资源配备建议

（1）教学场地

一体化学习工作站必须具备良好的安全、照明和通风条件，可以分为集中教学区、分组教学区、信息检索区、工具存放区和成果展示区，并配备相应的多媒体教学设备等。实习场地面积以可至少同时容纳35人开展教学活动为宜。

（2）工具、量具、材料、设备

工具：旋具、斜口钳、剥线钳、压线钳等。

量具：万用表等。

材料：线材、电子元器件、冷压端子、配电盘、电缆盘、号码管、扎带等。

设备：电钻、打号机等。

（3）教学资料

按组配置：电气安全操作规程、设备电气维修作业指导书。

按学生个人配置：工作页、教材、维修任务单、工作记录单。

教学考核要求

采用过程性考核和终结性考核相结合的方式。

1. 过程性考核（70%）

采用自我评价、小组评价和教师评价相结合的方式进行考核；学生应学会自我评价，教师要观察学生的学习过程，结合学生的自我评价、小组评价进行总评并提出改进建议。

（1）课堂考核：考核出勤、学习态度、课堂纪律、小组合作与展示等情况。

（2）作业考核：考核工作页的完成、成果展示、课后练习等情况。

（3）阶段考核：书面测试、实操测试、口述测试。以故障现象的确认、维修计划的制订、故障点的确定、维修方案的制定、维修工具和材料的准备、维修过程的正确性和规范性、通电调试为主要考核点。

2. 终结性考核（30%）

用与参考性学习任务难度相近的通用设备电气故障诊断与排除工作任务为载体，采用书面测试和实操测试相结合的方式进行考核，学生根据情境描述中的要求，遵循通用设备电气故障诊断与排除工作流程，安全、规范地完成工作任务，并达到任务要求。

考核任务案例：自动送料装置的电气故障诊断与排除。

【情境描述】

某企业维修小组接到生产主管安排的自动送料装置的电气故障诊断与排除工作任务。现在需完成电气故障的诊断与排除，使自动送料装置恢复正常功能。

【任务要求】

（1）能确认故障现象。

（2）能根据故障现象制订维修计划。

（3）能正确使用工具找到故障点。

（4）能正确、规范地排除故障。

（5）能正确、规范地完成通电测试。

（6）能按照 7S 管理规定整理、整顿工作现场。

【参考资料】

完成上述工作任务过程中，可以使用所有常见参考资料，如工作页、教材、个人笔记、电气安装维修手册、安全操作规程等。

（九）自动化设备控制系统的安装与调试课程标准

工学一体化课程名称	自动化设备控制系统的安装与调试	基准学时	400

典型工作任务描述

自动化设备控制系统的核心部分是 PLC，它是一种为工业控制应用而设计、制造的可编程逻辑控制器，主要作用是控制各种自动化设备。在生产中，大量自动化设备使用 PLC，企业根据设备的实际控制要求，综合考虑控制系统经济、简单、维修方便、安全可靠等因素确定 PLC 类型，依照安装标准和安全规程进行系统设计并安装 PLC 及外围设备。

操作人员接到安装与调试工作任务后，分析任务单，明确工作任务要求，确定 I/O 点数，查阅 PLC 技术指标，选择 PLC 型号；确定 PLC 型号后，查阅该型号 PLC 的使用手册，在满足控制要求的前提下，设计控制方案，准备工具和材料，做好工作现场准备；操作人员在了解 PLC 的基本工作原理和指令系统后，结合设计方案设计梯形图程序，并进行模拟调试；调试完成后，严格遵守作业规范进行外部设备的安装，安装完毕进行自检，配合相关人员进行调试，填写产品质量检验单等并交付生产主管验收；按照 7S 管理规定清理场地，归置物品。

在工作过程中，操作人员应严格执行企业各项规章制度、岗位操作规程、控制系统设备软硬件档案管理制度、安全生产制度、环保管理制度、7S 管理规定等。对加工产生的废品，依据《中华人民共和国固体废物污染环境防治法》要求进行集中收集管理，再按《废弃物管理规定》进行处理，维护车间生产安全。

工作内容分析		
工作对象： 1. 接受工作任务，明确工作任务要求； 2. 识读接线图、安装图； 3. 准备工具和材料； 4. 做好工作现场准备； 5. 严格遵守作业规范安装自动化设备控制系统； 6. 安装完毕进行自检； 7. 配合相关人员进行调试； 8. 填写相关表格并交付生产主管验收； 9. 按照 7S 管理规定清理场地，归置物品。	**工具、量具、材料、设备与资料：** 1. 工具：钢丝钳、尖嘴钳、剥线钳、压线钳、一字旋具、十字旋具、榔头、活动扳手、电工刀、手锯等； 2. 量具：卷尺、游标卡尺、直角尺、钢直尺、万用表、钳式电流表、试电笔等； 3. 材料：线槽、线管、导线、交直流电源、断路器、指示灯、电灯开关、电源插座、灯架、膨胀螺栓、绝缘材料、接线盒等； 4. 设备：PLC 编程设备、冲击电钻、手电钻等； 5. 资料：任务单、接线图、PLC 说明书、电气安全操作规程、电工手册、电气安装施工规范等。 **工作方法：** 1. 查阅资料的方法； 2. 编程软件的使用方法； 3. 编程设备的使用方法； 4. PLC 的使用方法； 5. PLC 接线图的识读方法； 6. PLC 的安装方法； 7. 外围设备的安装与连接方法。 **劳动组织方式：** 1. 以个人或小组合作形式完成工作任务； 2. 从生产主管处领取工作任务； 3. 与其他部门有效沟通、协调，创造工作条件； 4. 与组员有效沟通，合作完成工作任务； 5. 从仓库领取专用工具和材料； 6. 完工自检后交付生产主管验收。	**工作要求：** 1. 明确工作任务要求和个人职责，服从安排； 2. 识读接线图、安装图等，明确元器件的种类、数量、型号和安装位置等； 3. 根据元器件清单领取并核对元器件； 4. 准备工具、材料和设备等，检验其功能是否正常； 5. 按照作业规程和工艺要求工作，确保施工现场安全； 6. 安装完毕进行自检，并配合相关人员进行调试； 7. 填写相关表格并交付生产主管验收； 8. 按照 7S 管理规定清理场地，归置物品。

课程目标

学习完本课程后，学生应当能胜任自动化设备控制系统的安装与调试工作，包括：

1. 能阅读任务单，分析控制要求、任务动作、操作方式等，明确工作任务要求。

2. 能根据控制要求,确定控制系统所需的输入设备和输出设备,确定 PLC 的 I/O 点数。根据 I/O 形式与点数、控制方式与速度、控制精度与分辨率、用户程序容量等,合理选择 PLC 型号。

3. 能参与制定控制系统设计方案,并独立制作 I/O 分配表,依据控制要求设计 PLC 外围硬件线路,能按照软件编程方法合理设计控制程序,完成程序模拟调试。

4. 能按照工艺要求,遵守电气安全操作规程,根据电气布置图及接线图正确进行硬件线路的连接。

5. 能按照联机调试的方法、步骤,正确进行 PLC 控制线路的联机调试。能根据故障现象对软、硬件进行检测,并快速排除故障,完成联机调试。

6. 能根据产品质量检验单,结合世界技能大赛标准要求,进行 PLC 的自检,自检合格后交付生产主管验收。

7. 能完成技术文件的编写、整理、归档。

8. 能利用多媒体设备和专业术语展示和表达工作成果。

9. 能在工作过程中严格遵守企业操作规程、安全生产制度、环保管理制度以及 7S 管理规定,具备吃苦耐劳、爱岗敬业的精神。

学习内容

本课程的主要学习内容包括:

一、任务单的阅读分析及资料的查阅

实践知识:任务单的分析;PLC 技术指标的查询。

理论知识:PLC 的应用领域;PLC 的控制要求;PLC 设计的工作内容;PLC 编程元器件;STEP7 编程软件的使用要求。

二、PLC 设计方案的制定

实践知识:PLC 设计流程的确定;工具、材料、设备的选择;PLC 型号的选择;PLC 硬件布置图及外部接线图的绘制;PLC 程序设计方法的选用;PLC 调试运行的安全防护方案的制定;变频器型号的选择;PLC 设计方案的撰写。

理论知识:PLC 的特点、性能及型号;PLC 型号的选择方法;PLC 设计的步骤,PLC 的 I/O 分配表及外部接线图的绘制要点;PLC 常用指令的功能、表示形式及使用方法;PLC 程序设计方法的选用原则;顺序功能图的特点、绘制方法及编程方法;PLC 调试运行的安全操作规程;变频器的原理、应用及选型原则;PLC 设计方案的格式、内容及撰写要求。

三、PLC 设计方案的审核确认

实践知识:PLC 设计方案汇报材料的制作与展示;PLC 设计方案合理性的判断;PLC 设计方案的优化。

理论知识:PLC 设计方案合理性的判断方法;PLC 设计方案的优化方法。

四、PLC 的硬件安装及软件设计

实践知识:空气开关、熔断器、接触器、PLC 等的安装,PLC、变频器与外部硬件设备的接线;导线标号;PLC 梯形图程序设计;PLC 线路施工安全隐患的排查。

理论知识:电子元器件的安装操作规范;导线标号的方法;PLC 线路施工安全操作规程及工艺要求;PLC 常用指令的编程方法。

五、PLC 的调试、验收

实践知识：PLC 硬件线路通电前的自检；PLC 软件程序调试；PLC 调试运行的安全防护；PLC 故障的诊断与排除；PLC 的调试与验收；维修记录单、验收记录单的填写；按照 7S 管理规定整理、整顿工作现场。

理论知识：PLC 硬件线路通电前的自检方法及要点；PLC 调试运行的安全防护要点；PLC 的调试、验收步骤；PLC 常见故障的分析与诊断方法；PLC 常见故障的排除方法；PLC 软件程序的调试方法；维修记录单、验收记录单的填写规范和要点。

六、总结与评估

实践知识：PLC 设计改进；PLC 故障排除手册编写；工作总结撰写。

理论知识：PLC 设计改进措施；PLC 故障排除手册编写要点；工作总结撰写要点。

七、通用能力、职业素养、思政素养

自主学习、自我管理、信息检索、理解与表达、交往与合作、创新思维、解决问题等通用能力，安全意识、质量意识、规范意识、效率意识、成本意识、环保意识、市场意识、服务意识等职业素养，以及劳模精神、劳动精神、工匠精神等思政素养。

参考性学习任务

序号	名称	学习任务描述	参考学时
1	电动机连续运转控制系统的安装与调试	某企业通风机等设备的运转采用继电器控制，维修率高，现生产主管决定改为 PLC 控制方式。控制要求为：当按下启动按钮 SB1 时，电动机启动并连续运行；当按下停止按钮 SB2 或热继电器 KH 动作时，电动机停止运行；具有短路、过载保护等必要的保护措施。 操作人员接到工作任务后，分析任务单，明确任务要求，确定 I/O 点数，查阅 PLC 的技术指标，选择 PLC 型号；结合 PLC 型号及控制要求，在生产主管指导下分析并制定设计方案，领取相关工具和材料，检查其完好性；按照设计步骤制作 I/O 分配表，绘制外部接线图，分别用标准触点指令和置位、复位指令设计连续运转的梯形图程序；按照安装操作规范和工艺要求，独立完成外部硬件设备的安装、程序的输入、仿真，并与相关人员配合完成联机调试以及故障排除；根据产品质量检验单完成控制系统自检，自检合格后交付生产主管验收；按照 7S 管理规定清理场地，归置物品。 在工作过程中，操作人员应严格执行企业各项规章制度、岗位操作规程、控制系统设备软硬件档案管理制度、安全生产制度、环保管理制度、7S 管理规定等，对加工产生的废品，依据《中华人民共和国固体废物污染环境防治法》要求进行集中收集管理，再按《废弃物管理规定》进行处理，维护车间生产安全。	40

| 2 | 感应门控制系统的安装与调试 | 某商场人流量大，原有的推拉门不方便而且损坏率高，现要将推拉门改造为自动门。生产主管计划运用顺序控制设计法，使用 SCR 指令，完成自动门的 PLC 设计、安装和调试。控制要求如下。

开门控制：当有人靠近自动门时，感应器 SQ0 检测到信号，执行高速开门动作；当门开到一定位置，碰到开门减速开关 SQ1 时，变为低速开门；当碰到开门极限开关 SQ2 时，门打开到位，并开始延时，若在 4 s 内感应器检测到无人，即转为关门动作。关门控制：先高速关门，当门关到一定位置碰到关门减速开关 SQ3 时，变为低速关门；当碰到关门极限开关 SQ4 时停止动作；在关门期间若感应器检测到有人（SQ0 动作），则停止关门，延时 1 s 后自动转换为高速开门。控制系统应具有短路保护等必要的保护措施。

操作人员接到工作任务后，分析任务单，明确任务要求，确定 I/O 点数，查阅 PLC 的技术指标，选择 PLC 型号；结合 PLC 型号及控制要求，在生产主管指导下分析并制定设计方案，领取相关工具和材料，检查其完好性；按照设计步骤制作 I/O 分配表，绘制外部接线图、顺序功能图，设计感应门的梯形图程序；按照安装操作规范和工艺要求，独立完成外部硬件设备的安装、程序的输入、仿真，并与相关人员配合完成联机调试以及故障排除；根据产品质量检验单完成控制系统自检，自检合格后交付生产主管验收；按照 7S 管理规定清理场地，归置物品。

在工作过程中，操作人员应严格执行企业各项规章制度、岗位操作规程、控制系统设备软硬件档案管理制度、安全生产制度、环保管理制度、7S 管理规定等，对加工产生的废品，依据《中华人民共和国固体废物污染环境防治法》要求进行集中收集管理，再按《废弃物管理规定》进行处理，维护车间生产安全。 | 50 |
| 3 | 设备三色指示灯控制系统的安装与调试 | 某企业的一台设备需要安装三色指示灯控制系统，生产主管设计 PLC 控制线路，并编写程序，控制要求如下。

X 轴方向：红灯亮 30 s 后，绿灯亮，25 s 后黄灯闪烁 5 s。Y 轴方向：绿灯亮 25 s 后，黄灯闪烁 5 s，而后红灯亮 30 s，如此循环进行。控制系统应具有短路保护等必要的保护措施。

操作人员接到工作任务后，分析任务单，明确任务要求，确定 I/O 点数，查阅 PLC 的技术指标，选择 PLC 型号；结合 PLC 型号及控制要求，在生产主管指导下分析并制定设计方案，领取相关 | 50 |

3	设备三色指示灯控制系统的安装与调试	工具和材料，检查其完好性；按照设计步骤制作 I/O 分配表，绘制外部接线图，运用顺序控制的编程方法，合理利用定时器和计数器指令设计梯形图程序；按照安装操作规范和工艺要求，独立完成外部硬件设备的安装、程序的输入、仿真，并与相关人员配合完成联机调试以及故障排除；根据产品质量检验单完成控制系统自检，自检合格后交付生产主管验收；按照 7S 管理规定清理场地，归置物品。 在工作过程中，操作人员应严格执行企业各项规章制度、岗位操作规程、控制系统设备软硬件档案管理制度、安全生产制度、环保管理制度、7S 管理规定等，对加工产生的废品，依据《中华人民共和国固体废物污染环境防治法》要求进行集中收集管理，再按《废弃物管理规定》进行处理，维护车间生产安全。	
4	运料小车控制系统的安装与调试	某企业依靠继电器线路控制运料小车，现线路老化，故障率高，生产主管决定对其进行改造，应用 PLC 功能指令中的子程序跳转指令设计运料小车 PLC。控制要求如下：当小车处于后端时，按下启动按钮，小车向前运行，运行至前端压下前限位开关，翻斗门打开装货，7 s 后，关闭翻斗门，小车向后运行，运行至后端，压下后限位开关，小车底门打开卸货，5 s 后底门关闭，完成一次动作。运料小车的运行具有以下几种方式。手动操作：用各自的控制按钮一一对应地接通或断开控制各负载的工作方式。单周期操作：按下启动按钮，小车往返运行一次后，停在后端等待下次启动。连续操作：按下启动按钮，小车自动连续往返运行。控制系统应具有短路保护等必要的保护措施。 操作人员接到工作任务后，分析任务单，明确任务要求，确定 I/O 点数，查阅 PLC 的技术指标，选择 PLC 型号；结合 PLC 型号及控制要求，在生产主管指导下分析并制定设计方案，领取相关工具和材料，检查其完好性；按照设计步骤制作 I/O 分配表，绘制外部接线图；编写手动程序，利用顺序控制的编程方法编写单周期及连续程序，用调用子程序的方法进行手动、单周期、连续程序的调用；按照安装操作规范和工艺要求，独立完成外部硬件设备的安装、程序的输入、仿真，并与相关人员配合完成联机调试以及故障排除；根据产品质量检验单完成控制系统自检，自检合格后交付生产主管验收；按照 7S 管理规定清理场地，归置物品。	60

4	运料小车控制系统的安装与调试	在工作过程中，操作人员应严格执行企业各项规章制度、岗位操作规程、控制系统设备软硬件档案管理制度、安全生产制度、环保管理制度、7S 管理规定等，对加工产生的废品，依据《中华人民共和国固体废物污染环境防治法》要求进行集中收集管理，再按《废弃物管理规定》进行处理，维护车间生产安全。	
5	多级传动带控制系统的安装与调试	某企业多级传动带的控制系统采用继电器、接触器控制，可靠性差、能耗高。现需设计物料传输的 PLC，实现三台传动带运输机顺序控制。控制要求如下：按下启动按钮 SB1 时，运行指示灯 HL 亮，开始报警；5 s 后报警结束，传动带运输机 3 开始运行；传动带运输机 3 运行 5 s 后，传动带运输机 2 开始运行，传动带运输机 2 运行 5 s 后，传动带运输机 1 开始运行；传动带运输机 1 运行 5 s 后，料斗下的电磁阀 YV 通电，打开卸料阀门。当装料接近完成时，应先关闭电磁阀 YV，停止卸料，等待各传动带无残留物料时，将各传动带运输机停下来，为下次工作做准备。即按下停止按钮 SB2 时，各传动带运输机反顺序停机。首先电磁阀 YV 停止工作，每隔 5 s 电动机 M1、M2 和 M3 依次停止，电动机 M3 停止后，各传动带运输机上应没有残留物料，整个工作过程结束。控制系统应具有短路保护等必要的保护措施。 操作人员接到工作任务后，分析任务单，明确任务要求，确定 I/O 点数，查阅 PLC 的技术指标，选择 PLC 型号；结合 PLC 型号及控制要求，在生产主管指导下分析并制定设计方案，领取相关工具和材料，检查其完好性；按照设计步骤制作 I/O 分配表，绘制外部接线图，运用顺序控制的编程方法合理利用定时器和计数器指令设计梯形图程序；按照安装操作规范和工艺要求，独立完成外部硬件设备的安装、程序的输入、仿真，并与相关人员配合完成联机调试以及故障排除；根据产品质量检验单完成控制系统自检，自检合格后交付生产主管验收；按照 7S 管理规定清理场地，归置物品。 在工作过程中，操作人员应严格执行企业各项规章制度、岗位操作规程、控制系统设备软硬件档案管理制度、安全生产制度、环保管理制度、7S 管理规定等，对加工产生的废品，依据《中华人民共和国固体废物污染环境防治法》要求进行集中收集管理，再按《废弃物管理规定》进行处理，维护车间生产安全。	70

| 6 | 物料混合设备控制系统的安装与调试 | 某企业为降低工人的劳动强度，减少操作误差，提高液体混合生产线的自动化程度和生产效率，需设计物料混合设备的PLC，要求能实现两种液体的自动混合。该控制系统有3个液面传感器：SQ1为高液面传感器，SQ2为中液面传感器，SQ3为低液面传感器。该控制系统有3个电磁阀：YV1为液体A输入电磁阀，YV2为液体B输入电磁阀，YV3为混合液体输出电磁阀。M为搅拌电动机。具体控制要求如下。

初始状态：容器是空的，电磁阀YV1、YV2、YV3和搅拌电动机M均为OFF状态，液面传感器SQ1、SQ2、SQ3均为OFF状态。

启动运行：按下启动按钮SB1，首先电磁阀YV1打开（为ON状态），开始注入液体A，当达到中液面传感器SQ2的高度时，SQ2由OFF变为ON状态，电磁阀YV1关闭，同时电磁阀YV2打开，开始注入液体B，直到液面达到高液面传感器SQ1的高度时，SQ1由OFF变为ON状态，电磁阀YV2关闭，搅拌电动机M启动，30 s后停止搅拌，电磁阀YV3打开，放出混合液体，当液面降到低液面传感器SQ3的高度时，SQ3由ON变为OFF状态，再经7 s延时电磁阀YV3关闭，容器放空。

停止运行：按下停止按钮SB2，在当前液体混合操作完毕后停止运行，回到初始状态。

操作人员接到工作任务后，分析任务单，明确任务要求，确定I/O点数，查阅PLC的技术指标，选择PLC型号；结合PLC型号及控制要求，在生产主管指导下分析并制定设计方案，领取相关工具和材料，检查其完好性；按照设计步骤制作I/O分配表，绘制外部接线图，运用顺序控制的编程方法合理利用定时器和计数器指令设计梯形图程序；按照安装操作规范和工艺要求，独立完成外部硬件设备的安装、程序的输入、仿真，并与相关人员配合完成联机调试以及故障排除；根据产品质量检验单完成控制系统自检，自检合格后交付生产主管验收；按照7S管理规定清理场地，归置物品。

在工作过程中，操作人员应严格执行企业各项规章制度、岗位操作规程、控制系统设备软硬件档案管理制度、安全生产制度、环保管理制度、7S管理规定等，对加工产生的废品，依据《中华人民共和国固体废物污染环境防治法》要求进行集中收集管理，再按《废弃物管理规定》进行处理，维护车间生产安全。 | 70 |

7	物料分拣设备控制系统的安装与调试	某企业分拣物料采用人工方式，成本高、效率低，生产主管决定改为 PLC 控制方式。控制要求如下：对于金属工件，能根据工件大小进行大、中、小分类，并按大、中、小分拣至不同的分装箱内，同时对不同类型的工件进行计数；对不同材料工件进行分拣，对于非金属材料工件，通过传动带向后输送，并进行非金属材料工件的计数；能实现 4 段传动带的运行、停止顺序控制。 操作人员接到工作任务后，分析任务单，明确任务要求，确定 I/O 点数，查阅 PLC 的技术指标，选择 PLC 型号；结合 PLC 型号及控制要求，在生产主管指导下分析并制定设计方案，领取相关工具和材料，检查其完好性；按照设计步骤制作 I/O 分配表，绘制外部接线图，运用经验设计的编程方法，合理利用定时器和计数器指令设计梯形图程序；按照安装操作规范和工艺要求，独立完成外部硬件设备的安装、程序的输入、仿真，并与相关人员配合完成联机调试以及故障排除；根据产品质量检验单完成控制系统自检，自检合格后交付生产主管验收；按照 7S 管理规定清理场地，归置物品。 在工作过程中，操作人员应严格执行企业各项规章制度、岗位操作规程、控制系统设备软硬件档案管理制度、安全生产制度、环保管理制度、7S 管理规定等，对加工产生的废品，依据《中华人民共和国固体废物污染环境防治法》要求进行集中收集管理，再按《废弃物管理规定》进行处理，维护车间生产安全。	60

教学实施建议

1. 教学组织方式与建议

采用行动导向的教学方法。为确保教学安全，增强教学效果，建议采用分组教学的形式（4～5 人/组），班级人数不超过 30 人。在完成工作任务的过程中，教师须加强示范与指导，注重学生规范操作和职业素养的培养。

2. 教学资源配备建议

（1）教学场地

一体化学习工作站必须具备良好的安全、照明和通风条件，可以分为集中教学区、分组教学区、信息检索区、工具存放区和成果展示区，并配备相应的多媒体教学设备等。实习场地面积以可至少同时容纳 35 人开展教学活动为宜。

（2）工具、量具、材料、设备

工具：钢丝钳、尖嘴钳、剥线钳、压线钳、一字旋具、十字旋具、榔头、活动扳手、电工刀、手锯等。

量具：卷尺、游标卡尺、直角尺、钢直尺、万用表、钳式电流表、试电笔等。

材料：线槽、线管、导线、交直流电源、断路器、指示灯、电灯开关、电源插座、灯架、膨胀螺栓、绝缘材料、接线盒等。

设备：PLC 编程设备、冲击电钻、手电钻等。

（3）教学资料

1）按组配置：电气安全操作规程、PLC 安装作业指导书等。

2）按学生个人配置：工作页、教材、任务单、工作记录单等。

教学考核要求

采用过程性考核和终结性考核相结合的方式。

1. 过程性考核（70%）

采用自我评价、小组评价和教师评价相结合的方式进行考核；学生应学会自我评价，教师要观察学生的学习过程，结合学生的自我评价、小组评价进行总评并提出改进建议。

（1）课堂考核：考核出勤、学习态度、课堂纪律、小组合作与展示等情况。

（2）作业考核：考核工作页的完成、成果展示、课后练习等情况。

（3）阶段考核：书面测试、实操测试、口述测试。以确定输入和输出设备、选择 PLC 类型、制作 I/O 分配表并设计 PLC 外围硬件线路、设计 PLC 控制程序、联机调试为主要考核点。

2. 终结性考核（30%）

用与参考性学习任务难度相近的自动化设备控制系统的安装与调试工作任务为载体，采用书面测试和实操测试相结合的方式进行考核，学生根据情境描述中的要求，在规定的时间内完成 PLC 的设计、安装与调试，并达到任务要求。

考核任务案例：三层电梯 PLC 的安装与调试。

【情境描述】

某企业三层厂房需要安装运货电梯，用 PLC 控制电梯运行，使电梯实现以下功能：电梯在一层或二层时，若出现三层呼叫信号，则电梯上升，运行到三层，三层限位开关闭合后，电梯停止运行；电梯在一层时，若出现二层呼叫信号，则电梯上升，运行到二层，二层限位开关闭合后，电梯停止运行；电梯在一层时，若同时出现二层和三层呼叫信号，则电梯上升，先上升到二层，暂停 8 s 后再继续上升到三层，直到三层限位开关闭合，电梯停止运行；电梯在三层或二层时，若出现一层呼叫信号，则电梯下降，运行到一层，一层限位开关闭合后，电梯停止下降；电梯在三层时，若出现二层呼叫信号，则电梯下降，运行到二层，二层限位开关闭合后，电梯停止下降；电梯在三层时，若同时出现二层和一层的呼叫信号，则电梯下降，先下降到二层，暂停 8 s 后再继续下降到一层，直到一层限位开关闭合，电梯停止运行；电梯在上升途中，任何下降呼叫信号均无效，电梯在下降途中，任何上升呼叫信号均无效；电梯到达每层的运行时间限定小于 10 s，若超过 10 s 则电梯自动停止运行。

【任务要求】

（1）编制 PLC 控制程序并调试。

（2）领取所需工具、材料、设备，完成硬件线路连接。

（3）规范操作完成联机调试，实现 PLC 的控制功能，并按照检测规范进行自检，完成产品质量检验单的填写。

（4）与教师、组员、仓库管理员等相关人员进行有效、专业的沟通与合作。

（5）在工作过程中，严格遵守企业操作规程、安全生产制度、环保管理制度以及7S管理规定。

（6）在工作过程中，具备吃苦耐劳、爱岗敬业的精神。

【参考资料】

完成上述工作任务过程中，可以使用所有常见参考资料，如工作页、教材、个人笔记、安全操作规程、PLC技术手册等。

（十）工业生产线控制系统的安装与调试课程标准

工学一体化课程名称	工业生产线控制系统的安装与调试	基准学时	200

典型工作任务描述

工业生产线控制系统的安装与调试是指企业从事工业生产线安装与调试人员所进行的生产线设备安装、调试及维护等相关工作。工业生产线设备在企业生产中，特别是在自动化程度较高的大型生产性企业中，应用极为广泛，种类繁多，功能各异，复杂程度有高有低，无论是何种生产线设备，按主体可以分为机械单元和控制系统两大部分，一个最简单的工业生产线控制系统一般由检测环节、调节单元及执行单元组成。

安装与调试人员需要对工业生产线中各工作站机械单元进行安装，根据设备安装位置图，对各工作站中机械部件、液压与气动部件等进行安装。制订设备安装工作计划，使用工量具对各工作站机械单元进行安装，满足相应部件间的位置要求；对各工作站控制系统进行安装，包括驱动系统、动力柜、控制柜等，根据电气原理图及硬件布置图对驱动系统中电动机、液压泵、气压泵进行安装，对控制柜中PLC、继电器等电子元器件进行安装；对控制系统进行功能调试，包括PLC程序调试、各工作站之间网络通信设置运行功能调试等，使工业生产线各工作站之间相互协调工作，达到自动化生产、运行的目的。

在工业生产线设备的安装与调试过程中，需遵守国家标准《国家电气设备安全技术规范》（GB 19517—2023）和《电气装置安装工程　低压电器施工及验收规范》（GB 50254—2014），要充分考虑工业生产线对象（产品）的生产质量和生产效率，对已完成的工作进行记录、存档，撰写工作总结，并对设备操作人员进行培训。

工作内容分析

工作对象：	工具、量具、材料、设备与资料：	工作要求：
1. 接受工作任务，明确工作任务要求； 2. 查阅工业生产线设备安装作业指导书、国家标准等； 3. 根据工作任务要求准备工具、量具、材料等；	1. 工具：钢丝钳、尖嘴钳、剥线钳、一字旋具、十字旋具、榔头、活动扳手、电工刀、手锯等； 2. 量具：卷尺、游标卡尺、直角尺、钢直尺、万用表、钳式电流表、试电笔等； 3. 材料：线槽、线管、导线、交直流电源、断路器、电灯开关、电源插座、	1. 接受工作任务，明确工作任务要求； 2. 制订工作计划，确定工作流程； 3. 查阅工业生产线设备安装作业指导书、国家标准等；

4. 安装前的安全检查； 5. 工业生产线各工作站机械部件的安装、控制系统的安装及调试； 6. 工业生产线各工作站间运行功能调试方案的编写与可行性分析； 7. 特殊安装工具的自制； 8. 设备的调试与自检； 9. 设备调试记录单的填写； 10. 设备安装、调试技术文件的整理与存档； 11. 工作总结的撰写。	灯架、膨胀螺栓、绝缘材料、接线盒、机械手、变频器、传感器、气缸等； 4. 设备：冲击电钻、手电钻、多工作站工业生产线装配与调试工作台（2～4台，每台由供料站、加工站、装配站、分拣站、输送站等组成）等； 5. 资料：设备安装指导说明书、设备操作及维修手册、设备安全操作规程、施工工艺标准、电气安全操作规程等。 **工作方法：** 1. 大型设备、小型设备、零部件的安装方法； 2. 电子元器件的布置及安装方法； 3. 工作方案的制定方法； 4. 设备空载试运行方法； 5. 设备检查方法，包括设备的性能、制造质量、安装质量等的检查； 6. 各工作站机械单元单机调试方法； 7. 各工作站间联机调试方法； 8. 设备调试中出现问题的解决方法； 9. 设备操作人员的培训方法。 **劳动组织方式：** 1. 从生产主管处领取工作任务； 2. 以团队协作的形式完成工作任务； 3. 从仓库领取工具、材料及零部件等； 4. 工作完成后交付生产主管验收。	4. 正确选择零部件以及所用工具、材料等； 5. 正确使用工具、量具、设备等； 6. 工作过程中和工作完成后，正确、规范地进行自检； 7. 详细、规范、及时地填写工作记录单，并撰写工作总结； 8. 工作过程符合 7S 管理规定。

课程目标

学习完本课程后，学生应当能胜任工业生产线控制系统的安装与调试工作，包括：

1. 能根据任务单进行工作内容、工作要求、工作流程、工作标准分析，并能独立撰写任务单。

2. 能根据任务要求准备工具、量具、材料、设备等。

3. 能正确识别工业生产线上常用机械结构和电子、气动、检测等元器件。

4. 能正确使用典型工业生产线上常用的仪器仪表等。

5. 能根据典型工业生产线的机械、电气、液压与气动系统原理图进行元器件的选用、连接与调试。

6. 能完成工业生产线各工作站机械单元的装配、电气单元的线路连接。

7. 能测试并调节传感器等感应开关的动作信号。

8. 能正确连接气动、液压控制回路，满足控制要求和功能要求。

9. 能调试 PLC 程序，完成各工作站动作要求。

10. 能进行各工作站 PLC 网络通信设置，保证各工作站间正常通信、数据传送。

11. 能操作变频器实现电动机的调速控制。

12. 能正确、规范地操作工业生产线的各个模块单元。

13. 能正确、规范地调试工业生产线各工作站运行功能。

14. 能对工业生产线控制系统程序进行备份、调试等。

15. 能对关键元器件的参数进行设置、调整与备份。

16. 能对工业生产线的工作状态和产品质量进行检测，具备质量意识、效率意识和成本意识。

17. 能遵守设备使用安全规程，在试车条件下，独立（或协同）完成模拟试车和带载试车。

18. 能对设备操作人员进行培训。

19. 能与相关部门进行专业沟通与协调。

20. 能详细、规范、及时地填写工作记录单，并撰写工作总结。

学习内容

本课程的主要学习内容包括：

一、任务单的阅读分析及资料的查阅

实践知识：任务单的分析；相关资料的查阅与信息的整理。

理论知识：任务单的分析方法；国家标准《国家电气设备安全技术规范》（GB 19517—2023）和《电气装置安装工程　低压电器施工及验收规范》（GB 50254—2014）。

二、现场勘察

实践知识：现场工作环境的勘察；现场工作环境记录单的填写。

理论知识：现场沟通方法；现场工作环境记录单的填写内容和要求。

三、制订工作计划和工作方案

实践知识：工作计划的制订；工业生产线各工作站间运行功能调试工作方案的制定；安装与调试作业指导书的编写。

理论知识：工作计划制订的方法与步骤；工业生产线各工作站间运行功能调试工作方案的制定方法与步骤；安装与调试作业指导书编写的内容及要求。

四、安装与调试工作准备

实践知识：设备技术资料的领取；工具、材料等的领取；工业软件的准备；安装前的安全检查。

理论知识：工业软件的编程及使用方法。

五、工业生产线控制系统的安装

实践知识：工业生产线电气原理图、元器件布置图的识读；电工工具的使用；电子元器件的检测；各工作站机械单元的安装；各工作站控制系统的安装；执行机构的安装。

理论知识：工业生产线电气原理图、元器件布置图的识读方法；电工工具的使用方法；电子元器件的检测方法；机械单元的安装方法；控制系统的安装方法；执行机构的安装方法。

六、工业生产线控制系统的调试与验收

实践知识：各工作站机械单元功能调试；各工作站控制系统功能调试；传感器功能调试；执行机构功能调试；工业生产线通信调试；工业生产线联调及功能验收；工作记录的填写；工业生产线的操作培训。

理论知识：单站功能调试的方法和步骤；工业生产线联调的方法和步骤；调试验收的标准；设备功能验收技术指标；工作记录的填写内容和要求；工业生产线的操作培训内容和要求。

七、总结与评价

实践知识：安装调试工作总结与技术归纳；任务交接单的填写；设备数据记录与存档。

理论知识：安装调试技术归纳方法；任务交接单的填写内容和要求；设备数据记录规范。

八、通用能力、职业素养、思政素养

自主学习、自我管理、信息检索、理解与表达、交往与合作、创新思维、解决问题等通用能力，安全意识、质量意识、规范意识、效率意识、成本意识、环保意识、市场意识、服务意识等职业素养，以及劳模精神、劳动精神、工匠精神等思政素养。

参考性学习任务

序号	名称	学习任务描述	参考学时
1	工业生产线供料站的安装与调试	某企业需要安装、调试一条工业生产线，该工业生产线由供料站、加工站、装配站、分拣站和输送站等工作站组成，各工作站均设置一台PLC承担控制任务，各PLC之间通过RS485串行通信实现互连，构成分布式的控制系统。现需完成供料站的安装与调试，供料站的工作目标是将供料站料仓内的工件送往加工站的物料台。 　　安装与调试人员从生产主管处接受工作任务，明确安装与调试内容，查阅资料，结合企业标准、国家标准等，制订供料站安装与调试工作计划；阅读设备安装说明书，绘制工业生产线供料站的机械部件安装布置图、电子元器件安装布置图；准备工具、量具、材料、设备，并进行安装前的安全检查；以独立或小组合作的方式完成供料站的安装及调试工作；安装完成后进行自检，自检合格后交付生产主管验收，并填写工作记录单；按照7S管理规定整理、整顿工作现场。 　　在工作过程中，安装与调试人员应严格执行企业各项规章制度、岗位操作规程、安全生产制度、环保管理制度、7S管理规定等，对加工产生的废品，依据《中华人民共和国固体废物污染环境防治法》要求进行集中收集管理，再按《废弃物管理规定》进行处理，维护车间生产安全。	40

2	工业生产线加工站的安装与调试	某企业需要安装、调试一条工业生产线，该工业生产线由供料站、加工站、装配站、分拣站和输送站等工作站组成，各工作站均设置一台 PLC 承担控制任务，各 PLC 之间通过 RS485 串行通信实现互连，构成分布式的控制系统。现需完成加工站的安装与调试，加工站的工作目标是完成物料台零件的加工。 安装与调试人员从生产主管处接受工作任务，明确安装与调试内容，查阅资料，结合企业标准、国家标准等，制订加工站安装与调试工作计划；阅读设备安装说明书，绘制工业生产线加工站的机械部件安装布置图、电子元器件安装布置图；准备工具、量具、材料、设备，并进行安装前的安全检查；以独立或小组合作的方式完成加工站的安装及调试工作；安装完成后进行自检，自检合格后交付生产主管验收，并填写工作记录单；按照 7S 管理规定整理、整顿工作现场。 在工作过程中，安装与调试人员应严格执行企业各项规章制度、岗位操作规程、安全生产制度、环保管理制度、7S 管理规定等，对加工产生的废品，依据《中华人民共和国固体废物污染环境防治法》要求进行集中收集管理，再按《废弃物管理规定》进行处理，维护车间生产安全。	40
3	工业生产线装配站的安装与调试	某企业需要安装、调试一条工业生产线，该工业生产线由供料站、加工站、装配站、分拣站和输送站等工作站组成，各工作站均设置一台 PLC 承担控制任务，各 PLC 之间通过 RS485 串行通信实现互连，构成分布式的控制系统。现需完成装配站的安装与调试，装配站的工作目标是把加工好的工件送往装配站的物料台，然后把装配站料仓内的白色和黑色两种不同颜色的小圆柱工件嵌入物料台上的工件中，完成装配。 安装与调试人员从生产主管处接受工作任务，明确安装与调试内容，查阅资料，结合企业标准、国家标准等，制订装配站安装与调试工作计划；阅读设备安装说明书，绘制工业生产线装配站的机械部件安装布置图、电子元器件安装布置图；准备工具、量具、材料、设备，并进行安装前的安全检查；以独立或小组合作的方式完成装配站的安装及调试工作；安装完成后进行自检，自检合格后交付生产主管验收，并填写工作记录单；按照 7S 管理规定整理、整顿工作现场。	40

3	工业生产线装配站的安装与调试	在工作过程中，安装与调试人员应严格执行企业各项规章制度、岗位操作规程、安全生产制度、环保管理制度、7S管理规定等，对加工产生的废品，依据《中华人民共和国固体废物污染环境防治法》要求进行集中收集管理，再按《废弃物管理规定》进行处理，维护车间生产安全。	
4	工业生产线分拣站的安装与调试	某企业需要安装、调试一条工业生产线，该工业生产线由供料站、加工站、装配站、分拣站和输送站等工作站组成，各工作站均设置一台PLC承担控制任务，各PLC之间通过RS485串行通信实现互连，构成分布式的控制系统。现需完成分拣站的安装与调试，分拣站的工作目标是把装配好的工件送往分拣站完成分拣。 安装与调试人员从生产主管处接受工作任务，明确安装与调试内容，查阅资料，结合企业标准、国家标准等，制订分拣站安装与调试工作计划；阅读设备安装说明书，绘制工业生产线分拣站的机械部件安装布置图、电子元器件安装布置图；准备工具、量具、材料、设备，并进行安装前的安全检查；以独立或小组合作的方式完成分拣站的安装及调试工作；安装完成后进行自检，自检合格后交付生产主管验收，并填写工作记录单；按照7S管理规定整理、整顿工作现场。 在工作过程中，安装与调试人员应严格执行企业各项规章制度、岗位操作规程、安全生产制度、环保管理制度、7S管理规定等，对加工产生的废品，依据《中华人民共和国固体废物污染环境防治法》要求进行集中收集管理，再按《废弃物管理规定》进行处理，维护车间生产安全。	40
5	工业生产线输送站的安装与调试	某企业需要安装、调试一条工业生产线，该工业生产线由供料站、加工站、装配站、分拣站和输送站等工作站组成，各工作站均设置一台PLC承担控制任务，各PLC之间通过RS485串行通信实现互连，构成分布式的控制系统。现需完成输送站的安装与调试，输送站的工作目标是将分拣好的工件输出。 安装与调试人员从生产主管处接受工作任务，明确安装与调试内容，查阅资料，结合企业标准、国家标准等，制订输送站安装与调试工作计划；阅读设备安装说明书，绘制工业生产线输送站的机械部件安装布置图、电子元器件安装布置图；准备工具、量具、材料、设备，并进行安装前的安全检查；以独立或小组合作的方式完成输送站的安装及调试工作；安装完成后进行自检，自检合格后交付生	40

5	工业生产线输送站的安装与调试	产主管验收，并填写工作记录单；按照 7S 管理规定整理、整顿工作现场。 在工作过程中，安装与调试人员应严格执行企业各项规章制度、岗位操作规程、安全生产制度、环保管理制度、7S 管理规定等，对加工产生的废品，依据《中华人民共和国固体废物污染环境防治法》要求进行集中收集管理，再按《废弃物管理规定》进行处理，维护车间生产安全。

教学实施建议

1. 教学组织方式与建议

采用行动导向的教学方法。为确保教学安全，增强教学效果，建议采用分组教学的形式（4~5 人/组），班级人数不超过 30 人。在完成工作任务的过程中，教师须加强示范与指导，注重学生规范操作和职业素养的培养。

2. 教学资源配备建议

（1）教学场地

一体化学习工作站必须具备良好的安全、照明和通风条件，可以分为集中教学区、分组教学区、信息检索区、工具存放区和成果展示区，并配备相应的多媒体教学设备等。实习场地面积以可至少同时容纳 35 人开展教学活动为宜。

（2）工具、量具、材料、设备

工具：钢丝钳、尖嘴钳、剥线钳、一字旋具、十字旋具、榔头、活动扳手、电工刀、手锯等。

量具：卷尺、游标卡尺、直角尺、钢直尺、万用表、钳式电流表、试电笔等。

材料：线槽、线管、导线、交直流电源、断路器、电灯开关、电源插座、灯架、膨胀螺栓、绝缘材料、接线盒、机械手、变频器、传感器、气缸等。

设备：冲击电钻、手电钻、多工作站工业生产线装配与调试工作台（2~4 台，每台由供料站、加工站、装配站、分拣站、输送站等组成）等。

（3）教学资料

1）按组配置：设备安装指导说明书、设备安全操作规程、施工工艺标准、电气安全操作规程等。

2）按学生个人配置：工作页、教材、工作记录单等。

教学考核要求

采用过程性考核和终结性考核相结合的方式。

1. 过程性考核（70%）

采用自我评价、小组评价和教师评价相结合的方式进行考核；学生应学会自我评价，教师要观察学生的学习过程，结合学生的自我评价、小组评价进行总评并提出改进建议。

（1）课堂考核：考核出勤、学习态度、课堂纪律、小组合作与展示等情况。

（2）作业考核：考核工作页的完成、成果展示、课后练习等情况。

（3）阶段考核：书面测试、实操测试、口述测试。以工量具和材料的准备、工作计划的制订、工作方案的制定、安装与调试过程的正确性和规范性等为主要考核点。

2. 终结性考核（30%）

用与参考性学习任务难度相近的工业生产线控制系统的安装与调试工作任务为载体，采用书面测试和实操测试相结合的方式进行考核，学生根据情境描述中的要求，在规定的时间内完成工业生产线控制系统的安装与调试工作任务，并达到任务要求。

考核任务案例：工业生产线控制系统的升级与改造。

【情境描述】

某企业工业生产线设备机械精度降低，控制系统陈旧，需升级与改造控制系统，并恢复设备机械精度。生产主管安排安装与调试人员对该工业生产线设备进行升级、改造以达到使用要求，并对设备操作人员进行相关技术、操作培训。

【任务要求】

（1）根据任务单的要求，完成工业生产线设备部分工作单元的机械安装和调试。

（2）根据任务单的要求，完成气动元器件的管路连接及传感器的位置调整。

（3）按任务单中的控制要求，设计控制系统的电气线路图，按线路图连接控制系统线路。

（4）正确、规范地完成工业生产线设备的编程和调试，达到任务单中的功能和技术要求。

（5）根据任务单的具体要求将运行记录保存到指定存储区域。

（6）撰写工作总结，整理并更新设备使用操作手册。

【参考资料】

完成上述工作任务的过程中，可以使用所有的常见参考资料，如工作页、教材、设备操作及维修手册、设备安装指导说明书、工作记录单、培训方案模板、网络资料等。

（十一）柔性生产线设备的优化与改进课程标准

工学一体化课程名称	柔性生产线设备的优化与改进	基准学时	400
典型工作任务描述			

柔性生产线设备的优化与改进是指生产线设备的故障排除、运行维护、优化改进等。柔性生产线设备在自动化程度较高的大型生产性企业中应用极为广泛，它种类繁多、功能各异，复杂程度有高有低，无论是何种生产线设备，如果某一环节发生故障，不仅会影响产品质量，而且会影响产品的交付期，从而给企业或客户造成一定的损失，另外，上下游产品的改版设计，也会对柔性生产线提出一些改进要求。

设备运维人员应保障柔性生产线设备正常、可靠运行，降低故障停机率；或者在设备发生故障时，迅速制订维修计划，使用相应的工具、量具、设备和维修资料，对设备故障进行检查、诊断并排除，使设备正常运行；或者提出一些优化措施，更新或重新设计部分机械部件、电子元器件、控制程序等，预判潜在故障，从而降低故障停机率，提高产品生产效率；另外，根据上下游产品的实际需要，对生产线进行优化与改进（硬件或软件），达到柔性生产的目的。

在柔性生产线设备故障诊断与排除工作过程中，或者在优化与改进工作过程中，要遵守企业操作规程、企业质量体系管理制度、安全生产制度、环保管理制度、7S 管理规定等，充分考虑产品的生产质量和生产效率，对已完成的工作进行记录存档，撰写工作总结，并对设备操作人员进行有效培训。

工作内容分析

工作对象：	工具、量具、材料、设备与资料：	工作要求：
1. 与设备操作人员或设备管理人员的沟通； 2. 设备点检表的编写，预防性运维内容的确定； 3. 设备实际运行参数的记录和评价； 4. 维修计划的制订、维修方案和故障排除作业指导书的制定； 5. 工量具及设备的使用、材料及辅具的领取、非标准件的优化设计； 6. 设备故障部件或电气线路的点检、诊断、拆卸、检查、安装或更换等； 7. 设备的优化设计方案或改进方案的编写，可行性分析报告的编写； 8. 简单故障诊断、维修、优化改进辅具的自制； 9. 设备的调试与自检； 10. 维修记录单的填写，工作总结的撰写； 11. 设备优化与改进技术文件的整理与存档。	1. 工具：钢丝钳、尖嘴钳、剥线钳、一字旋具、十字旋具、榔头、活动扳手、电工刀、手锯等； 2. 量具：卷尺、游标卡尺、直角尺、钢直尺、万用表、钳式电流表、试电笔等； 3. 材料：线槽、线管、导线、交直流电源、断路器、电源插座、绝缘材料、接线盒、机械手、变频器、传感器、气缸、配套机械零部件等； 4. 设备：冲击电钻、手电钻等； 5. 资料：设备安装指导说明书、设备操作及维修手册、设备安全操作规程、施工工艺标准、电气安全操作规程等。 **工作方法：** 1. 设备运行状态的检测方法； 2. 典型故障原因分析方法； 3. 故障现象分类方法，局部故障排除方法； 4. 快速排除故障的替换法； 5. 设备优化的一般方法； 6. 设备改进的可行性分析法； 7. 复杂技术系统的联调方法。 **劳动组织方式：** 1. 从生产主管处领取工作任务； 2. 以团队协作的形式完成工作任务； 3. 从仓库领取工具、材料及零部件等； 4. 工作完成后交付生产主管验收。	1. 与设备操作人员或设备管理人员进行有效的沟通，获取有效信息； 2. 编写设备点检表，确定预防性运维内容； 3. 明确设备的工作原理和工作过程，并对设备的主要运行参数和数据进行记录、归纳与整理； 4. 根据故障现象分析故障原因，绘制检查流程图，并制订维修计划； 5. 正确领取和使用工具、量具、材料及设备，必要时进行非标准件的设计； 6. 正确调试、维修设备，严格遵守设备安全操作规程和劳动纪律； 7. 规范编写设备的优化设计方案或改进方案，以及可行性分析报告； 8. 自制简单故障诊断、维修、优化改进的辅具； 9. 进行设备的调试和自检； 10. 将设备优化与改进技术文件进行整理与存档； 11. 详细、规范、及时地填写维修记录单，并撰写工作总结。

课程目标

学习完本课程后，学生应当能胜任柔性生产线设备的优化与改进工作，包括：

1. 能正确分析任务单，明确工作任务要求。

2. 能与相关部门进行专业沟通与协调。

3. 能独立进行可行性分析，撰写可行性分析报告。

4. 能按照任务要求正确准备工具、量具、材料及设备等。

5. 能编制网络控制软件程序，具备程序备份、装载、优化、设计能力。

6. 能正确、规范地拆装、调整设备，并做好防干涉、防损坏措施。

7. 能优化与改进部分机构（部件）。

8. 能对设备中关键元器件的参数进行设置、调整与备份。

9. 能按照既定方案进行核心控制器、工业网络设备、机械手（传动带）和部分改造机构（部件）等柔性生产线设备的安装。

10. 能遵守设备使用安全规程，在试车条件下，独立（或协同）完成设备模拟试车和带载试车。

11. 能对设备的工作状态和产品质量进行检测，具备质量意识、效率意识及成本意识。

12. 能完成设备优化与改进技术文件的整理与存档。

13. 能详细、规范、及时地填写维修记录单，并撰写工作总结。

学习内容

本课程的主要学习内容包括：

一、工作任务分析与资料查阅

实践知识：柔性生产线设备技术参数说明书的识读；柔性生产线设备使用说明书的识读；柔性生产线设备电气原理图、气动回路图、液压回路图、安装布置图的识读；《国家电气设备安全技术规范》（GB 19517—2023）、《机械电气安全　机械电气设备　第 1 部分：通用技术条件》（GB/T 5226.1—2019）等国家标准的查阅与解读等。

理论知识：柔性生产线设备主要机械结构，各主要运动部件的运动方式、控制方式；柔性生产线设备各主要部分的工作原理；柔性生产线设备各控制系统的功能；步进电动机、伺服电动机的工作原理和安装、调试要求；变频器、传感器、触摸屏的工作原理；柔性生产线设备的优化与改进要求；《国家电气设备安全技术规范》（GB 19517—2023）、《机械电气安全　机械电气设备　第 1 部分：通用技术条件》（GB/T 5226.1—2019）等国家标准。

二、柔性生产线设备优化与改进工作方案的制定

实践知识：柔性生产线设备优化与改进的可行性分析；柔性生产线设备优化与改进技术方案的编写；柔性生产线设备优化与改进技术方案的优化；柔性生产线设备优化与改进工作计划的制订。

理论知识：柔性生产线设备优化与改进的原则；柔性生产线设备优化与改进案例；可行性分析报告的撰写方法；柔性生产线设备优化与改进技术方案编写的内容与要求；柔性生产线设备优化与改进工作计划的制订内容和要求。

三、柔性生产线设备优化与改进工作方案的审核确认

实践知识：柔性生产线设备优化与改进工作方案汇报课件的制作与演示；柔性生产线设备优化与改进工作方案合理性的判断；工作方案的优化。

理论知识：柔性生产线设备优化与改进工作方案的汇报要点；柔性生产线设备优化与改进工作方案合理性的判断方法；工作方案的优化方法。

四、工量具的准备与安全措施的落实

实践知识：柔性生产线设备优化与改进所需工量具及设备的检查与校验；柔性生产线设备工作现场安全防护设施的布置与确认；自制辅具。

理论知识：柔性生产线设备优化与改进所需工量具及设备的检查与校验方法；柔性生产线设备工作现场安全防护设施的布置与确认方法和要求；自制辅具的方法。

五、柔性生产线设备的优化与改进实施

实践知识：网络控制软件程序的编制；柔性生产线程序的备份、装载、优化、设计；柔性生产线设备的拆装和调整，做防干涉、防损坏措施；柔性生产线设备中关键元器件的参数设置、调整与备份；核心控制器、工业网络设备、机械手（传动带）和部分改造机构（部件）的安装、调试、优化与改进；柔性生产线设备整机功能空载测试；柔性生产线设备整机功能带载联调。

理论知识：网络控制软件程序的编制方法；程序备份、装载、优化与设计方法；柔性生产线设备机械部件的拆卸、调整方法，电子元器件的接线、设置方法，机械部件防干涉、防损坏的措施；柔性生产线设备中关键元器件的参数设置、调整与备份的方法；核心控制器、工业网络设备、机械手（传动带）和部分改造机构（部件）的安装、调试、优化与改进方法；柔性生产线设备整机功能空载测试方法；柔性生产线设备整机功能带载联调方法。

六、现场整理及工作总结

实践知识：柔性生产线设备优化与改进工作现场整理；设备优化与改进技术文件的整理和存档；柔性生产线设备装调、优化与改进工作报告撰写。

理论知识：柔性生产线设备优化与改进工作现场整理要求；设备优化与改进技术文件的整理和存档要求；柔性生产线设备装调、优化与改进工作报告撰写格式与要求。

七、通用能力、职业素养、思政素养

自主学习、自我管理、信息检索、理解与表达、交往与合作、创新思维、解决问题等通用能力，安全意识、质量意识、规范意识、效率意识、成本意识、环保意识、市场意识、服务意识等职业素养，以及劳模精神、劳动精神、工匠精神等思政素养。

参考性学习任务			
序号	名称	学习任务描述	参考学时
1	柔性生产线设备控制程序的编制与应用	某企业有一条巧克力自动加工、包装柔性生产线，由于需求旺季的到来，产品脱销，生产跟不上，现需优化与改进该柔性生产线设备，在不改变生产线硬件设备的前提下，通过改变生产线各工作站控制程序和部分设备的状态参数，将生产效率提高30%以上，工	110

1	柔性生产线设备控制程序的编制与应用	期要求为 20 天，生产的产品应交付生产主管验收，以确保柔性生产线生产产品的质量。 设备运维人员从生产主管处接受工作任务，与设备操作人员或管理人员沟通，明确优化与改进任务；与生产部门沟通协调，按生产计划提供优化与改进工作方案，进行可行性分析；准备编程工具、测试仪表、辅具及消耗材料等；对设备各工作站的控制程序和部分设备的参数列表进行备份、存档，并做好记录和电子文本的编号；拆除、拆卸部分执行元器件（机构），调低气压、液压、电压、电流等，以防出现测试事故；对控制程序进行编制和调试，对部分设备的参数进行设置和调试；安装、恢复设备各部件，遵守设备使用安全规程，在试车条件下，对设备进行模拟试车和带载试车；对设备工作状态和产品质量进行检测，工艺、质量及生产效率等合格后，交付生产主管验收；与设备操作人员或管理人员进行交接，填写工作记录，并培训设备操作人员。 工作过程中应注意：加强标准化、流程化和安全意识；设备的拆卸过程做好标记和记录；设备各工作站的控制软件做好备份工作；部分设备的参数做好备份和记录工作；在控制程序的编制与调试过程中充分考虑效率和安全因素；恢复安装设备各部件时遵从设备使用及维护规范，确保不出现衍生故障；认真填写工作记录，为后续运维和优化提供依据。	
2	柔性生产线设备工业网络的安装与应用	某企业有多条饼干自动加工、包装、装箱柔性生产线，单机工作正常，效率较高，但是它们之间的衔接由人工完成，大大降低了全线生产效率，人工费用较高，且工作负担较重，人容易疲劳，极易产生离职现象。现需优化与改进该柔性生产线设备，安装机械手（或传送装置）和改造部分设备结构，采用工业网络技术，使多个单机设备协同作业，组成较大的柔性生产线，将生产效率提高 50% 以上，工期要求为 25 天。 设备运维人员从生产主管处接受工作任务，与设备操作人员或管理人员沟通，明确优化与改进任务；与生产部门沟通协调，按生产计划提供优化与改进工作方案，进行可行性分析；准备编程工具、测试仪表、元器件、自制部件、辅具及消耗材料等；对单机设备的控制程序和部分设备的参数列表进行备份、存档，并做好记录和电子文本的编号；拆除、拆卸部分执行元器件（机构），调低气压、液压、电压、电流等，以防出现测试事故；安装工业网络设备，安装机械手（传送装置）和部分改造机构（部件）；对网络站和单机	140

2	柔性生产线设备工业网络的安装与应用	设备的控制程序进行编制和调试，对部分设备的参数进行设置和调试；安装、恢复设备各部件，遵守设备使用安全规程，在试车条件下，对设备进行模拟试车和带载试车；对设备工作状态和产品质量进行检测，工艺、质量及生产效率等合格后，交付生产主管验收；与设备操作人员或管理人员进行交接，填写工作记录，并培训设备操作人员。 工作过程中应注意：加强标准化、流程化和安全意识；设备的拆卸过程做好标记和记录；单机设备的控制软件做好备份工作；部分设备的参数做好备份和记录工作；装调工业网络设备，安装机械手（传送装置）和改造部分设备结构（部件）时要考虑功能性、稳定性和成本等因素；在控制程序的编制与调试过程中充分考虑效率和安全因素；恢复安装设备各部件时遵从设备使用及维护规范，确保不出现衍生故障；认真填写工作记录，为后续运维和优化提供依据。
3	柔性生产线设备的装调、优化与改进	某企业生产设备自动化程度不高，刚性生产线设备陈旧，且不能满足客户对产品多样性的需求和高的生产效率需求，现需购置一些核心设备、工业网络设备、机械手设备等，改造现有部分设备的结构（部件），组装成柔性生产线，完成对柔性生产线设备的装调与优化，以按照用户需求和季节特点制订生产计划，完成柔性生产，工期要求为 25 天。 设备运维人员从生产主管处接受工作任务，与设备操作人员或管理人员沟通，明确优化与改进任务；与生产部门沟通协调，按生产计划提供优化与改进工作方案，进行可行性分析；准备编程工具、测试仪表、核心控制器、工业网络设备、机械手、自制部件、辅具及消耗材料等；对原单机设备的控制程序和部分设备的参数列表进行备份、存档，并做好记录和电子文本的编号；拆除、拆卸部分执行元器件（机构），调低气压、液压、电压、电流等，以防出现测试事故；安装柔性生产线设备，组装核心控制器、工业网络设备、机械手和部分改造机构（部件）等；对主机网络站和单机设备的控制程序进行编制和调试，对部分设备的参数进行设置和调试；安装、恢复设备各部件，遵守设备使用安全规程，在试车条件下，对设备进行模拟试车和带载试车；对设备工作状态和产品质量进行检测，工艺、质量及生产效率等合格后，交付生产主管验收；与设备操作人员或管理人员进行交接，填写工作记录，并培训设备操作人员。

右侧栏: 150

3	柔性生产线设备的装调、优化与改进	工作过程中应注意：加强标准化、流程化和安全意识；设备的拆卸过程做好标记和记录；单机设备的控制软件做好备份工作；部分设备的参数做好备份和记录工作；充分考虑单机设备的网络协同作业；装调工业网络设备，安装机械手（传送装置）和改造部分设备结构（部件）时要考虑功能性、稳定性和成本等因素；在控制程序的编制与调试过程中充分考虑效率和安全因素；恢复安装设备各部件时遵从设备使用及维护规范，确保不出现衍生故障；认真填写工作记录，为后续运维和优化提供依据。	

教学实施建议

1. 教学组织方式与建议

采用行动导向的教学方法。为确保教学安全，增强教学效果，建议采用分组教学的形式（4~5人/组），班级人数不超过30人。在完成工作任务的过程中，教师须加强示范与指导，注重学生规范操作和职业素养的培养。

2. 教学资源配备建议

（1）教学场地

一体化学习工作站必须具备良好的安全、照明和通风条件，可以分为集中教学区、分组教学区、信息检索区、工具存放区和成果展示区，并配备相应的多媒体教学设备等。实习场地面积以可至少同时容纳35人开展教学活动为宜。

（2）工具、量具、材料、设备

工具：钢丝钳、尖嘴钳、剥线钳、一字旋具、十字旋具、榔头、活动扳手、电工刀、手锯等。

量具：卷尺、游标卡尺、直角尺、钢直尺、万用表、钳式电流表、试电笔等。

材料：线槽、线管、导线、交直流电源、断路器、电源插座、绝缘材料、接线盒、机械手、变频器、传感器、气缸、配套机械零部件等。

设备：冲击电钻、手电钻等。

（3）教学资料

设备安装指导说明书、设备操作及维修手册、设备安全操作规程、施工工艺标准、电气安全操作规程等。

教学考核要求

采用过程性考核和终结性考核相结合的方式。

1. 过程性考核（70%）

采用自我评价、小组评价和教师评价相结合的方式进行考核；学生应学会自我评价，教师要观察学生的学习过程，结合学生的自我评价、小组评价进行总评并提出改进建议。

（1）课堂考核：考核出勤、学习态度、课堂纪律、小组合作与展示等情况。

（2）作业考核：考核工作页的完成、成果展示、课后练习等情况。

（3）阶段考核：书面测试、实操测试、口述测试。以工量具和材料的准备、工作计划的制订、工作方案的制定、优化与改进过程的正确性和规范性等为主要考核点。

2. 终结性考核（30%）

用与参考性学习任务难度相近或略有提高的柔性生产线设备的优化与改进工作任务为载体，采用书面测试和实操测试相结合的方式进行考核，学生根据情境描述中的要求，在规定的时间内完成柔性生产线设备的优化与改进工作任务，并达到任务要求。

考核任务案例：柔性生产线设备的优化与改进。

【情境描述】

某企业柔性生产线设备在使用过程中出现故障，需要排除故障并对控制系统进行优化与改进。生产主管安排设备运维人员对该柔性生产线设备进行维修、优化与改进以达到使用要求，并对设备操作人员进行相关技术、操作培训。

【任务要求】

（1）根据任务单的要求，完成柔性生产线设备的维修、优化与改进。

（2）按生产流程和控制要求，提出优化与改进工作方案。

（3）调试柔性生产线设备和控制系统，达到任务单中的功能和技术要求

（4）根据任务单的具体要求将运行记录保存到指定存储区域。

（5）撰写工作总结，整理并更新设备使用操作手册。

（6）按照 7S 管理规定整理、整顿工作现场。

【参考资料】

完成上述工作任务过程中，可以使用所有的常见参考资料，如工作页、教材、设备操作及维修手册、设备安装指导说明书、工作记录单、培训方案模板、网络资料等。

（十二）智能制造系统的安装与调试课程标准

工学一体化课程名称	智能制造系统的安装与调试	基准学时	450

典型工作任务描述

智能制造系统是一种由智能机器和人类专家共同组成的人机一体化系统，通过集成知识工程、制造软件系统、机器人视觉与机器人控制等对制造技术的技能与专家知识进行模拟，使智能机器在没有人工干预的情况下进行生产。

安装与调试人员从生产主管处领取任务单，仔细阅读和分析任务单，明确任务内容和要求，然后查阅和整理相关资料，制定作业指导书，明确作业流程和操作规程。根据整个系统的安装布置图，对网络通信单元、电气控制单元、伺服控制单元、机械单元、液压与气动单元等各单元进行安装、连接，按步骤进行单独和联机调试，使系统各部件之间相互协调工作，满足智能制造系统仿真运行、正常生产运行的目的。

工作过程中，电气安装与调试要符合国家标准《国家电气设备安全技术规范》（GB 19517—2023）和《电气装置安装工程 低压电器施工及验收规范》（GB 50254—2014），机械设备部件安装要符合国家标准《机械设备安装工程施工及验收通用规范》（GB 50231—2009），要充分考虑智能制造系统的生产质量和生产效率，并对已完成的工作进行记录、存档，对设备操作人员进行有效培训。

工作内容分析

工作对象：	工具、量具、材料、设备与资料：	工作要求：
1. 与生产主管或操作人员进行沟通交流； 2. 查阅相关技术资料及标准； 3. 准备工具、量具、材料和设备； 4. 安装、调试前，各组成单元及元器件的检测及现场安全检查； 5. 系统的网络通信单元、电气控制单元、伺服控制单元、机械单元、液压与气动单元等组成单元的安装、连接； 6. 系统各组成单元的运行功能调试； 7. 系统整体仿真运行和运行调试； 8. 系统的维护和保养； 9. 系统各单元及系统整体的自检； 10. 系统工作记录单填写及工作总结撰写； 11. 技术文件的整理与存档。	1. 工具：钢丝钳、尖嘴钳、剥线钳、一字旋具、十字旋具、榔头、活动扳手、电工刀、手锯等； 2. 量具：卷尺、游标卡尺、直角尺、钢直尺、万用表、钳式电流表、试电笔等； 3. 材料：线槽、线管、导线、气缸、伺服驱动器、传感器、变频器、断路器和配套机械零部件等； 4. 设备：冲击电钻、手电钻等； 5. 资料：智能制造系统安装作业指导书、智能制造系统操作手册、智能制造系统故障诊断与排除手册等。 **工作方法：** 1. 大、小型设备及部件的安装方法； 2. 机械零部件的布置及安装、调整方法； 3. 电子元器件的布置及安装方法； 4. 工作方案的制定、实施方法； 5. 系统设备零部件性能、元器件性能、制造质量、安装质量等的检查步骤和方法； 6. 系统及各组成单元空载运行调试方法； 7. 设备及部件机械单元单机调试方法； 8. 系统联机调试方法； 9. 系统仿真调试方法； 10. 系统调试中出现问题的解决方法； 11. 系统维护与保养的方法。 **劳动组织方式：** 1. 从生产主管处领取工作任务； 2. 从仓库领取工具、材料及设备等； 3. 以团队协作的形式进行系统各组成单元的安装布置、连接、调整； 4. 按工作步骤进行系统各组成单元和整体的调试运行与仿真运行； 5. 交由系统操作人员进行生产运行，并交付生产主管验收。	1. 与生产主管充分沟通，明确任务要求； 2. 根据任务要求制订系统的安装与调试工作计划； 3. 查阅相关技术资料及标准； 4. 正确选择和使用工具、量具、材料和设备等； 5. 根据系统的安装布置图、电气原理图进行设备的安装及线路连接； 6. 根据系统的使用要求进行功能调试，并严格遵守安全操作规程和劳动纪律； 7. 进行工作过程自检和工作完成后的自检； 8. 详细、规范、及时地填写工作记录单，并撰写工作总结； 9. 工作过程符合7S管理规定。

课程目标

学习完本课程后，学生应当能胜任智能制造系统的安装与调试工作，包括：

1. 能根据任务单分析工作内容、工作流程、工作标准，独立制订工作计划。

2. 能查阅和分析智能制造系统的各种相关资料。

3. 能按照任务要求准备工具、量具、材料及设备。

4. 能正确识别智能制造系统常用机械结构和电子、气动、检测等元器件。

5. 能正确使用智能制造系统上常用的仪器仪表等。

6. 能根据智能制造系统的机械、电气、网络通信、液压与气动系统原理图进行元器件的选用、连接与调试。

7. 能调试伺服驱动器及控制伺服电动机。

8. 能完成智能制造系统各部件机械模块装配，电气单元线路、网络通信模块的连接。

9. 能测试并调节传感器等感应开关的动作信号。

10. 能正确连接气动、液压控制回路，满足控制要求和功能要求。

11. 能调试 PLC 程序，完成系统和各部件动作控制要求。

12. 能进行各组成单元网络通信设置，保证各单元间正常通信、数据传送。

13. 能正确调试和操作智能制造系统的各组成单元。

14. 能对智能制造系统（PLC、伺服驱动器）程序、参数进行调试及备份。

15. 能详细、规范、及时地填写工作记录单，并撰写工作总结。

16. 工作过程符合 7S 管理规定。

17. 能遵守智能制造系统使用安全规程，在试车条件下，独立（或协同）完成设备模拟试车和带载试车。

18. 能对智能制造系统及其各部件的工作状态和产品质量进行检测，具备质量意识、效率意识及成本意识。

19. 能与相关部门进行专业沟通与协调。

20. 能对设备操作人员进行培训。

21. 能详细、规范、及时地填写工作记录单，并撰写工作总结。

学习内容

本课程的主要学习内容包括：

一、任务单的阅读分析及资料的查阅

实践知识：任务单的分析；相关资料的查阅与信息的整理。

理论知识：任务单的分析方法；国家标准《国家电气设备安全技术规范》（GB 19517—2023）和《电气装置安装工程　低压电器施工及验收规范》（GB 50254—2014）。

二、现场勘察

实践知识：现场工作环境的勘察；现场工作环境记录单的填写。

理论知识：现场沟通方法；现场工作环境记录单的填写内容和要求。

三、制订工作计划和工作方案

实践知识：工作计划的制订；智能制造系统安装与调试工作方案的制定；安装与调试作业指导书的编写。

理论知识：工作计划制订的方法与步骤；智能制造系统安装与调试工作方案的制定方法与步骤；安装与调试作业指导书编写的内容及要求。

四、安装与调试工作准备

实践知识：技术资料的领取；工具、材料等的领取；工业软件的准备；安装前的安全检查。

理论知识：工业软件的编程及使用方法；安全用电及触电急救常识。

五、智能制造系统的安装

实践知识：智能制造系统电气原理图、元器件布置图等的识读；电工工具的使用；电子元器件的检测；工业机器人的安装；仓储系统的局部安装；物料运输单元的局部安装；传感器的安装；工业网络设备搭建。

理论知识：工业机器人的基本组成及特点；工业机器人的编程与示教；智能制造系统的组成及其功能；液压与气动控制相关知识；现场总线控制技术的发展与应用；传感器的安装方法；工业通信协议的分类及应用。

六、智能制造系统的调试

实践知识：各单元间网络通信的设置；工业机器人动作节拍的调试；智能制造系统整体及各部件单独模拟（空载）试运行；智能制造系统整体及各部件单独带载试运行；传感器功能调试；工作记录的填写；智能制造系统的操作培训。

理论知识：工业机器人的调试步骤；智能制造系统空运行联调的步骤及方法；智能制造系统带载试运行联调的步骤及方法；智能制造系统调试验收的标准；智能制造系统功能验收技术指标；智能制造系统的操作培训内容和要求。

七、总结与评价

实践知识：安装与调试工作总结与技术归纳；任务交接单的填写；设备数据记录与存档。

理论知识：安装与调试技术归纳方法；任务交接单的填写内容和要求；设备数据记录规范。

八、通用能力、职业素养、思政素养

自主学习、自我管理、信息检索、理解与表达、交往与合作、创新思维、解决问题等通用能力，安全意识、质量意识、规范意识、效率意识、成本意识、环保意识、市场意识、服务意识等职业素养，以及劳模精神、劳动精神、工匠精神等思政素养。

参考性学习任务			
序号	名称	学习任务描述	参考学时
1	工业机器人的安装与调试	某企业欲将现有的生产线进行智能化改造，改造后的生产线由两台六轴垂直关节型工业机器人完成送料及上下料任务，该工业机器人由六自由度机械手、编程操作台及连接电缆、具有多重保护和自我诊断功能的控制器、机械手运动控制软件等组成。该工业机器人	200

| 1 | 工业机器人的安装与调试 | 的工作目标是：工业机器人根据控制要求，能准确地移动至各个站点；使用机械手从相关站点将工件取出或送入，在夹持工件过程中不但要满足强度要求，而且应不损伤工件。

安装与调试人员从生产管理处接受工作任务，明确安装与调试内容和要求，查阅网络、书籍等，阅读工业机器人的安装与调试操作说明书，结合任务单、国家标准和法规等，制订工业机器人安装与调试工作计划；准备工具、量具、材料、设备，并进行安装、调试前的自我安全检查；根据工业机器人的机械部件安装布置图、电子元器件安装布置图，以独立或小组合作方式完成机械单元、液压单元、电气单元及通信单元的安装；安装完成后对工业机器人进行仿真运行调试、单步测试、整体测试、加工测试；工作完成后进行自检，自检合格后交付生产主管验收；按照7S管理规定清理现场，填写工作记录单并存档。

工作过程中应注意：对工业机器人的安装、调试过程做好标记和记录工作；对工业机器人的各种控制、诊断软件和设备参数做好备份、记录工作；调试过程中注意防止撞击或冲击造成工业机器人的机械手及各部件不能正常工作；连接控制总线及控制电缆的过程中，避免由于错误接线等原因导致通信部件、PLC、伺服驱动器、电源设备和电子元器件的损坏；严格遵守企业各项规章制度、岗位操作规程、安全生产制度、环保管理制度、7S管理规定等。 | |
| 2 | 智能加工及仓储系统的安装与调试 | 某企业欲将6种螺栓类产品的生产线进行智能化改造。该生产线由总控IPC及电控柜、工业机器人上下料机械手及其电控柜、上料台、过渡台、下料台以及人工检测台等组成。本系统以工控机设置独立主控装置，负责生产控制，并以触摸显示器、键盘、鼠标作为人机接口，主控系统以交换机与其他设备联机，换料时机床与工业机器人直接以I/O及通信端口的信号通知作业，工业机器人依据作业流程以I/O及通信端口的信号通知设备供料，从而形成一个网络化智能制造系统。该智能加工及仓储系统的工作目标是：上料台将毛坯送至取料点，工业机器人移动至取料点取料后将它送至第一台机床进行加工，加工完成后，工业机器人将工件取出并送入新毛坯；随后工业机器人移至第二台机床处，将工件送入第二台机床内进行加工，加工完成后，将工件取出送至下料台，工业机器人重复之前动作；下料台上的工件达到一定数量后，由工业机器人将这些加工好的成品工件送至人工检测台进行检测；检测完成后，工业机器人根据检测结果将合格产品放入成品台，不合格产品放入甩料台。 | 250 |

| 2 | 智能加工及仓储系统的安装与调试 | 安装与调试人员从生产管理处接受工作任务，明确安装与调试内容和要求，查阅网络、书籍等，阅读智能加工及仓储系统的安装与调试操作说明书，结合任务单、国家标准和法规等，制订智能加工及仓储系统及各部件的安装与调试工作计划；准备工具、量具、材料、设备，并进行安装、调试前的自我安全检查；根据该系统各部件的机械部件安装布置图、电子元器件安装布置图，以独立或小组合作方式完成机械单元、液压单元、电气单元的安装；完成各部件的调试运行以及组成单元的仿真运行；阅读智能制造系统的网络控制要求技术文件，完成控制 I/O 及通信端口的连接，设置网络参数并连接网络以保证各工作站正常通信、数据传送；结合系统控制总线要求，进行系统的连接调试；安装、调试完成后进行单步测试、整体测试、加工测试；工作完成后进行自检，自检合格后交付生产主管验收；按照 7S 管理规定清理现场，填写工作记录单并存档。

工作过程中应注意：对本系统的安装、调试过程做好标记和记录工作；对本系统的各种通信、控制、诊断软件和设备参数做好备份、记录工作；调试过程中注意防止撞击或冲击造成工业机器人、数控机床不能正常工作；连接控制总线及控制电缆的过程中，避免由于错误接线等原因导致通信部件、PLC、伺服驱动器、电源设备和电子元器件的损坏；严格遵守企业各项规章制度、岗位操作规程、安全生产制度、环保管理制度、7S 管理规定等。 | |

教学实施建议

1. 教学组织方式与建议

采用行动导向的教学方法。为确保教学安全，增强教学效果，建议采用分组教学的形式（4～5人/组），班级人数不超过30人。在完成工作任务的过程中，教师须加强示范与指导，注重学生规范操作和职业素养的培养。

2. 教学资源配备建议

（1）教学场地

一体化学习工作站必须具备良好的安全、照明和通风条件，可以分为集中教学区、分组教学区、信息检索区、工具存放区和成果展示区，并配备相应的多媒体教学设备等。实习场地面积以可至少同时容纳35人开展教学活动为宜。

（2）工具、量具、材料、设备

工具：钢丝钳、尖嘴钳、剥线钳、一字旋具、十字旋具、榔头、活动扳手、电工刀、手锯等。

量具：卷尺、游标卡尺、直角尺、钢直尺、万用表、钳式电流表、试电笔等。

材料：线槽、线管、导线、气缸、伺服驱动器、传感器、变频器、断路器和配套机械零部件等。

设备：冲击电钻、手电钻等。

（3）教学资料

智能制造系统安装作业指导书、智能制造系统操作手册、智能制造系统故障诊断与排除手册等。

教学考核要求

采用过程性考核和终结性考核相结合的方式。

1. 过程性考核（70%）

采用自我评价、小组评价和教师评价相结合的方式进行考核；学生应学会自我评价，教师要观察学生的学习过程，结合学生的自我评价、小组评价进行总评并提出改进建议。

（1）课堂考核：考核出勤、学习态度、课堂纪律、小组合作与展示等情况。

（2）作业考核：考核工作页的完成、成果展示、课后练习等情况。

（3）阶段考核：书面测试、实操测试、口述测试。以工量具和材料的准备、工作计划的制订、工作方案的制定、安装与调试过程的正确性和规范性等为主要考核点。

2. 终结性考核（30%）

用与参考性学习任务难度相近或略有提高的智能制造系统的安装与调试工作任务为载体，采用书面测试和实操测试相结合的方式进行考核，学生根据情境描述中的要求，在规定的时间内完成智能制造系统的安装与调试工作任务，并达到任务要求。

考核任务案例：智能制造系统的安装与调试。

【情境描述】

某企业准备出售一套智能制造系统，系统硬件已经安装好，现需要安装网络通信单元、电气控制单元、伺服控制单元、机械单元、液压与气动单元等，且进行单独和联机调试，并对该系统进行维护，以达到客户使用需求。生产主管安排设备安装与调试人员对该智能制造系统进行安装、调试与维护，并对该系统操作人员进行相关技术、操作培训。

【任务要求】

（1）阅读和分析任务单，明确任务内容和要求。

（2）根据任务单的要求，完成系统中气动元器件的管路连接及传感器的位置调整。

（3）制定作业指导书，明确作业流程和操作规程。

（4）根据系统的安装布置图，对网络通信单元、电气控制单元、伺服控制单元、机械单元、液压与气动单元等进行安装、连接，且按步骤进行联机调试，使系统各部件之间相互协调工作，满足智能制造系统的正常生产运行，达到任务单中的功能和技术要求。

（5）将运行记录保存到指定存储区域。

（6）按照7S管理规定整理、整顿工作现场。

（7）撰写工作总结。

【参考资料】

完成上述工作任务过程中，可以使用所有的常见参考资料，如工作页、教材、设备操作及维修手册、设备安装指导说明书、工作记录单、培训方案模板、网络资料等。

六、实施建议

（一）师资队伍

1. 师资队伍结构。应配备一支与培养规模、培养层级和课程设置相适应的业务精湛、素质优良、专兼结合的工学一体化教师队伍。中、高级技能层级的师生比不低于1∶20，兼职教师人数不得超过教师总数的三分之一，具有企业实践经验的教师应占教师总数的20%以上；预备技师（技师）层级的师生比不低于1∶18，兼职教师人数不得超过教师总数的三分之一，具有企业实践经验的教师应占教师总数的25%以上。

2. 师资资质要求。教师应符合国家规定的学历要求并具备相应的教师资格。承担中、高级技能层级工学一体化课程教学任务的教师应具备高级及以上职业技能等级；承担预备技师（技师）层级工学一体化课程教学任务的教师应具备技师及以上职业技能等级。

3. 师资素质要求。教师思想政治素质和职业素养应符合《中华人民共和国教师法》和教师职业行为准则等要求。

4. 师资能力要求。承担工学一体化课程教学任务的教师应具有独立完成工学一体化课程相应学习任务的工作实践能力。三级工学一体化教师应具备工学一体化课程教学实施、工学一体化课程考核实施、教学场所使用管理等能力；二级工学一体化教师应具备工学一体化学习任务分析与策划、工学一体化学习任务考核设计、工学一体化学习任务教学资源开发、工学一体化示范课设计与实施等能力；一级工学一体化教师应具备工学一体化课程标准转化与设计、工学一体化课程考核方案设计、工学一体化教师教学工作指导等能力。一级、二级、三级工学一体化教师比以1∶3∶6为宜。

（二）场地设备

教学场地应满足培养要求中规定的典型工作任务实施和相应工学一体化课程教学的环境及设备、设施要求，同时应保证教学场地具备良好的安全、照明和通风条件。其中校内教学场地和设备、设施应能支持资料查阅、教师授课、小组研讨、任务实施、成果展示等活动的开展；企业实训基地应具备工作任务实践与技术培训等功能。

其中，校内教学场地和设备、设施应按照不同层级技能人才培养要求中规定的典型工作任务实施要求和工学一体化课程教学需要进行配置。具体包括如下要求：

1. 实施简单零部件的加工工学一体化课程的学习工作站，应配置台虎钳、台式钻床、砂轮机、普通车床、普通立式铣床等设备，钳工实训工作台、桌椅等设施，锉刀、锯条、锤子、丝锥、麻花钻、车刀、铣刀、游标卡尺、外径千分尺、百分表等工量具，板料、圆钢、切削液、润滑油、红丹粉等材料，以及计算机、投影仪等多媒体教学设备。

2. 实施简单零部件的焊接加工工学一体化课程的学习工作站，应配备角磨机、焊条电弧焊设备、二氧化碳气体保护焊设备等设备，桌椅等设施，清渣锤、扁錾、锤子、钢丝刷、活动扳手、尖嘴钳、钢直尺、直角尺等工量具，焊条、焊丝、钢板、钢管等材料，以及计算机、投影仪等多媒体教学设备。

3. 实施机械部件的装配与调试工学一体化课程的学习工作站，应配备台式钻床、砂轮机、起重机等设备，装配工作台、桌椅等设施，锤子、活动扳手、游标卡尺、直角尺等工量具，以及计算机、投影仪等多媒体教学设备。

4. 实施设备的电气部件安装与调试工学一体化课程的学习工作站，应配备冲击钻、手电钻等设备，桌椅等设施，压线钳、剥线钳、尖嘴钳、试电笔、万用表等工量具，导线、控制器件、保护器件、线槽、线管、绝缘材料、铭牌标签、绑扎带等材料，以及计算机、投影仪等多媒体教学设备。

5. 实施机电设备装配与调试工学一体化课程的学习工作站，应配备吊装设备、压力机等设备，桌椅等设施，活动扳手、压线钳、剥线钳、万用表、兆欧表、百分表、框式水平仪、自准直仪等工量具，导线、绝缘材料、润滑油、煤油、擦机布等材料，以及计算机、投影仪等多媒体教学设备。

6. 实施液压与气动系统装调与维护工学一体化课程的学习工作站，应配备空气压缩机等设备，桌椅等设施，活动扳手、内六角扳手、流量检测仪、压力表等工量具，液压元器件、液压油、液压管道、气管、管接头、密封圈、过滤器等材料，以及计算机、投影仪等多媒体教学设备。

7. 实施通用设备机械故障诊断与排除工学一体化课程的学习工作站，应配备立式钻床、CA6140 型普通车床、CK6150 型数控车床、T68 型镗床等设备，桌椅等设施，活动扳手、内六角扳手、呆扳手、梅花扳手、钢丝钳、卡簧钳、锤子、铜棒、旋具、丝锥、板牙、游标卡尺、外径千分尺、游标深度卡尺、游标万能角度尺、直角尺、百分表等工量具，清洗剂、润滑油、物料盒等材料，以及计算机、投影仪等多媒体教学设备。

8. 实施通用设备电气故障诊断与排除工学一体化课程的学习工作站，应配备电钻、打号机等设备，桌椅等设施，旋具、斜口钳、剥线钳、压线钳、万用表等工量具，线材、电子元器件、冷压端子、配电盘、电缆盘、号码管、扎带等材料，以及计算机、投影仪等多媒体教学设备。

9. 实施自动化设备控制系统的安装与调试工学一体化课程的学习工作站，应配备 PLC编程设备、冲击电钻、手电钻等设备，桌椅等设施，压线钳、剥线钳、尖嘴钳、活动扳手、一字旋具、十字旋具、试电笔、万用表、游标卡尺、直角尺、钢直尺等工量具，线槽、线管、导线、交直流电源、断路器、指示灯、电灯开关、电源插座、灯架、膨胀螺栓、绝缘材料、接线盒等材料，以及计算机、投影仪等多媒体教学设备。

10. 实施工业生产线控制系统的安装与调试工学一体化课程的学习工作站，应配备冲击电钻、手电钻等设备，桌椅等设施，钢丝钳、尖嘴钳、剥线钳、一字旋具、十字旋具、活动扳手、电工刀、手锯、试电笔、游标卡尺、直角尺、钢直尺、万用表等工量具，线槽、线管、导线、交直流电源、断路器、电灯开关、电源插座、灯架、膨胀螺栓、绝缘材料、接线盒、机械手、变频器、传感器、气缸等材料，以及计算机、投影仪等多媒体教学设备。

11. 实施柔性生产线设备的优化与改进工学一体化课程的学习工作站，应配备冲击电钻、手电钻等设备，桌椅等设施，钢丝钳、尖嘴钳、剥线钳、一字旋具、十字旋具、活动扳手、电工刀、手锯、试电笔、游标卡尺、直角尺、钢直尺、万用表等工量具，线槽、线管、导线、交直流电源、断路器、电源插座、绝缘材料、接线盒、变频器、传感器、气缸、配套机械零部件等材料，以及计算机、投影仪等多媒体教学设备。

12. 实施智能制造系统的安装与调试工学一体化课程的学习工作站，应配备冲击电钻、手电钻等设备，桌椅等设施，钢丝钳、尖嘴钳、剥线钳、一字旋具、十字旋具、活动扳手、电工刀、手锯、试电笔、游标卡尺、直角尺、钢直尺、万用表等工量具，线槽、线管、导线、气缸、伺服驱动器、传感器、变频器、断路器和配套机械零部件等材料，以及计算机、投影仪等多媒体教学设备。

上述学习工作站建议每个工位以 4~5 人学习与工作的标准进行配置。

（三）教学资源

教学资源应按照培养要求中规定的典型工作任务实施要求和工学一体化课程教学需要进行配置。具体包括如下要求：

1. 实施简单零部件的加工工学一体化课程宜配置《简单零部件的加工》等教材及相应工作页、信息页、教学课件、操作规程、典型案例、技术规范、技术标准和数字化资源等。

2. 实施简单零部件的焊接加工工学一体化课程宜配置《简单零部件的焊接加工》等教材及相应工作页、信息页、教学课件、操作规程、典型案例、技术规范、技术标准和数字化资源等。

3. 实施机械部件的装配与调试工学一体化课程宜配置《机械部件的装配与调试》等教材及相应工作页、信息页、教学课件、操作规程、典型案例、技术规范、技术标准和数字化资源等。

4. 实施设备的电气部件安装与调试工学一体化课程宜配置《设备的电气部件安装与调试》等教材及相应工作页、信息页、教学课件、操作规程、典型案例、技术规范、技术标准和数字化资源等。

5. 实施机电设备装配与调试工学一体化课程宜配置《机电设备装配与调试》等教材及相应工作页、信息页、教学课件、操作规程、典型案例、技术规范、技术标准和数字化资源等。

6. 实施液压与气动系统装调与维护工学一体化课程宜配置《液压与气动系统装调与维护》等教材及相应工作页、信息页、教学课件、操作规程、典型案例、技术规范、技术标准和数字化资源等。

7. 实施通用设备机械故障诊断与排除工学一体化课程宜配置《通用设备机械故障诊断与排除》等教材及相应工作页、信息页、教学课件、操作规程、典型案例、技术规范、技术标准和数字化资源等。

8. 实施通用设备电气故障诊断与排除工学一体化课程宜配置《通用设备电气故障诊断与排除》等教材及相应工作页、信息页、教学课件、操作规程、典型案例、技术规范、技术标准和数字化资源等。

9. 实施自动化设备控制系统的安装与调试工学一体化课程宜配置《自动化设备控制系

统的安装与调试》等教材及相应工作页、信息页、教学课件、操作规程、典型案例、技术规范、技术标准和数字化资源等。

10. 实施工业生产线控制系统的安装与调试工学一体化课程宜配置《工业生产线控制系统的安装与调试》等教材及相应工作页、信息页、教学课件、操作规程、典型案例、技术规范、技术标准和数字化资源等。

11. 实施柔性生产线设备的优化与改进工学一体化课程宜配置《柔性生产线设备的优化与改进》等教材及相应工作页、信息页、教学课件、操作规程、典型案例、技术规范、技术标准和数字化资源等。

12. 实施智能制造系统的安装与调试工学一体化课程宜配置《智能制造系统的安装与调试》等教材及相应工作页、信息页、教学课件、操作规程、典型案例、技术规范、技术标准和数字化资源等。

（四）教学管理制度

本专业应根据培养模式提出的培养机制实施要求和不同层级运行机制需要，建立有效的教学管理制度，包括学生学籍管理、专业与课程管理、师资队伍管理、教学运行管理、教学安全管理、岗位实习管理、学生成绩管理等文件。其中，中级技能层级的教学运行管理宜采用"学校为主、企业为辅"校企合作运行机制；高级技能层级的教学运行管理宜采用"校企双元、人才共育"校企合作运行机制；预备技师（技师）层级的教学运行管理宜采用"企业为主、学校为辅"校企合作运行机制。

七、考核与评价

（一）综合职业能力评价

本专业可根据不同层级技能人才培养目标及要求，科学设计综合职业能力评价方案并对学生开展综合职业能力评价。评价时应遵循技能评价的情境原则，让学生完成源于真实工作的案例性任务，通过对其工作行为、工作过程和工作成果的观察分析，评价学生的工作能力和工作态度。

评价题目应来源于本职业（岗位或岗位群）的典型工作任务，是通过对从业人员实际工作内容、过程、方法和结果的提炼概括形成的具有普遍性、稳定性和持续性的工作项目。题目可包括仿真模拟、客观题、真实性测试等多种类型，并可借鉴职业能力测评项目以及世界技能大赛项目的设计和评估方式。

（二）职业技能评价

本专业的职业技能评价应按照现行职业资格评价或职业技能等级认定的相关规定执行。中级技能层级宜取得装配钳工、电工四级 / 中级工职业技能等级证书；高级技能层级宜取得装配钳工、电工三级 / 高级工职业技能等级证书；预备技师（技师）层级宜取得装配钳工、

电工二级 / 技师职业技能等级证书。

（三）毕业生就业质量分析

本专业应对毕业后就业一段时间（毕业半年、毕业一年等）的毕业生开展就业质量调查，宜从毕业生规模、性别、培养层次、持证比例等多维度分析毕业生总体就业率、专业对口就业率、稳定就业率、就业行业岗位分布、就业地区分布、薪酬待遇水平以及用人单位满意度等。通过开展毕业生就业质量分析，持续提升本专业建设水平。